CAOMU YOUQING
SIJI ZHIWU BIJI

草木有情

四季植物笔记

白文婷◎著

中国纺织出版社有限公司

内 容 提 要

一年四季，花开常在，作为地球上最重要最常见的生命形态，植物的世界中有着许多美丽的面孔与有趣的知识，它们的存在为我们提供了食品、医药、纤维、燃料、建材等必需品，也丰富了我们的味觉与视觉。了解植物对我们而言，是为了尊重生命和热爱生活，从植物身上学到我们欣赏的品质，探索自然与那些我们不曾了解过的知识。本书介绍了一年四季中常见的、不常见的植物，有些在生活中随处可见，有些你得去野外仔细寻觅，愿这本书为你打开植物世界的大门。

图书在版编目（CIP）数据

草木有情：四季植物笔记 / 白文婷著 . -- 北京：中国纺织出版社有限公司，2019.11（2025.1 重印）

ISBN 978-7-5180-6569-1

Ⅰ．①草… Ⅱ．①白… Ⅲ．①植物—普及读物 Ⅳ．① Q94-49

中国版本图书馆 CIP 数据核字（2019）第 185445 号

策划编辑：顾文卓　　责任校对：韩雪丽　　责任印制：储志伟

中国纺织出版社有限公司出版发行

地址：北京市朝阳区百子湾东里 A407 号楼　邮政编码：100124

销售电话：010—67004422　传真：010—87155801

http://www.c-textilep.com

中国纺织出版社天猫旗舰店

官方微博 http://weibo.com/2119887771

永清县晔盛亚胶印有限公司印刷　各地新华书店经销

2019 年 11 月第 1 版　2025 年 1 月第 2 次印刷

开本：710×1000　1/16　印张：12

字数：106 千字　定价：85.00 元

凡购本书，如有缺页、倒页、脱页，由本社图书营销中心调换

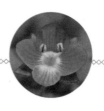

·前言·

　　人类天生就有着旺盛的好奇心，因为探索新知而感到快乐。在这段快乐的旅程中，我们逐渐忘了为什么要出发，我想，大概探索知识是不需要原因的。

　　我也遗忘了为什么会对植物产生了深深的热爱，但我在了解植物的过程中，拥有了前所未有的快乐与热情，让我学会了热爱生活，使我的眼睛更加敏锐，能感知到细微的美好；让我学会了思考，用不同的角度看待问题。

　　说起来别笑我，这本书的成形归功于我的孩子，懒散的我想要给他一份特别的礼物，便产生一种连自己也无法形容的动力，在写书的过程中，我安安静静地坐着，学习着；而他在我肚子里时不时地动动，鼓励我。

　　我意识到，这份礼物是相互的，他来到我的世界，我送他一本书。

　　这本书里写了我在日常生活中接触到的植物，也有自己在山中寻觅时发现的植物，一开始并没有想过将它们写出来，但我喜欢在朋友之间侃侃而谈：我在哪里发现了新的植物啊，有种植物的样子很有趣很好玩，将拍摄的植物发给他们欣赏，或者段子手般地吐槽了解到的植物小知识……

　　有一个朋友建议我：你可以试着写文章发布在平台上。我觉得这个主意实在太棒了，于是在微信公众号上创建了：草木悦本心，每隔一段时间选一个自己拍摄的植物开写，一篇又一篇，每一次在查阅资料的过程中，都能发现自己所了解的不过是沧海一粟。

　　我时常出门，带上水、干粮和相机，偶尔也会叫上朋友一起去野外徒步拍摄植物，我的先生和我一样热衷于在山中行走，因为他是山里长大的孩子，他的徒步爬山经验也是我学习的榜样，虽然我总是落后于他，可他的支持和鼓励也给了我疲累中向上攀爬的动力，我拍不到的植物他会去帮我，我发现了植物他就去开辟道路。

　　这不仅让我拥有了植物上的收获，磨炼我的体力与意志，还让我拥有了惺惺相惜的伙伴，我们互相信任、坦诚、支持和理解，共同面对挫折与困难。

　　后来编辑在平台上看到了我写的文章，就来找我交谈出版书籍的事情了。

　　如果我不曾动手去写，我就不会为了写一篇好文章去查阅资料，也不会意识到自己的不足——植物的世界是很广阔的，它拥有一种力量，让我学会自律并发挥主观能动性，从它们身上，我看到了坚韧、顽强、希望、奉献的品质。在《2017 年全球植物现状报告》中，现存的植物大约有 45 万种，而这本书仅仅写了 38 种——我意识到这是一个漫长的目标与志向，需要拥有坚持不懈的毅力，在这条路上的一切成就不仅仅属于我，也属于我的家人。

愿我成为孩子的榜样，他可以热爱其他领域的知识，并勇敢、坚持、自律、谦卑的面对这个世界。

路漫漫其修远兮，吾将上下而求索。

白文婷

·目录·

第一章
进入植物世界

你好啊，植物们！

我是人类中的一员。

每天的事情就是吃饭、睡觉、玩游戏、学习、工作。

我全身都可以动，我能听见各种各样的声音，能看见纷繁复杂的色彩，能品尝到不同的味道，能闻出或浓或淡的气味，我可以用脚走去很多地方，用手感知不一样的触感。

我时而会很累，时而会很有精神，我的脑海还会有现实世界中不会存在的想象，特别神奇又诡异。

■ 悄然进驻我们世界的生物

■ 城市里常见的行道树——悬铃木的种子

但我发现生活中总会出现一种称作植物的家伙，它们不动声色的，安静地在我周围，我可以在雨天听见水滴拍打叶子的声音，在一年四季闻到不同的香味，可以看见美丽又风格各异的花朵，日日品尝各种口味的蔬菜。

天气炎热的时候，靠在一棵大树下便能获得片刻的凉爽，冬天寒冷，烧几根木头取暖还能烤点好吃的。

它们大部分都是绿色的，让眼睛充满舒适，又是彩色的，使大脑愉悦兴奋。

有人告诉我，它们叫作植物，是我们人类过去现在未来都离不开的、最重要的伙伴。

我想去认识它们，我发现和人一样，它们也有不一样的脸，而且有着不同的形状，可以长很高很高，足以让我仰望；也可以很矮很矮，必须趴在地上才能看清楚，它们的世界里也有钩心斗角与亲密友爱，伤害与温柔，独立与依赖，就像我们人与人之间的关系，我们看着和它们不同，远离它们的世界，却又时时刻刻被它们包围，从远古时代开始——我们从未离开过它们的怀抱。

　　我翻阅了许多书籍，在网络上看许多图片，在许多地方亲自观察，拍照片、查名字，时间一直在走，我了解得也越来越多，我一度以为自己做得足够好，到头来发现：原来我还在植物世界的大门口徘徊，既失落又庆幸——失落自己的浅薄，庆幸自己能够更深入。

　　那么，我们来敲一敲植物的大门，去好好认识它们吧！

■ 静谧的南京中山植物园，一片安宁

在我们的生活中，我们最常看到的植物就是草和树，它们都会生叶开花结果。我们一开始容易被漂亮的花朵吸引，而忽略了它们的绿叶，但绿叶与花朵是密不可分的，顺着花和叶子往下看，那连接着花叶与土地的就是茎干，茎干下面就是根部。

■ 将落下的树叶拼成艺术品

■ 山中遗世独立的白玉兰，皎洁如月

这些都是属于植物的器官，植物的器官分两个部分，一种是营养器官：根、茎、叶。

根——像我们的脚，稳稳地让植物站立在地面上，只不过植物的根部深扎于地底下，它让植物在风雨来临时，不会倒下来，还吸收土地中的各种营养，把营养输送到其他部位。

茎干——像我们的脊柱，上承载着花、叶、果，下连接着根部，一面支撑着向四面八方生长的枝条，一面在内部将营养持续运输到所有部位。

叶子——像衣服一样，遮盖住光秃秃的茎干，并且会进行光合作用与蒸腾作用，合成植物需要的有机物，将光能转化为化学能贮藏起来的同时，还会释放氧气，将叶子蒸腾出的水分散发到大气中。

另一种叫作生殖器官：花、果实、种子。

花——是植物的脸，是面对自然最美好的部分，它有着各种各样的颜色和造型，不同科属有着不同样貌，是鉴定植物种类的常见方式。它吸引昆虫和动物为它们传粉繁殖，它产生出来的花粉会吹向四方，它还会吸引我们为它们的美丽倾倒，花朵里面有花粉和子房，花粉与子房的结合就会产生果实。

果实——花朵谢幕后，果实闪亮登场，我们食用的水果和蔬菜：桃子、苹果、李子、西红柿就是果实。果实给我们的生活带来了更丰富的口感，果实也是大自然中其他生物的生存粮食，当然不是每一种果实都是可以食用的，有的果实具有毒性，不能随便下嘴。

种子——种子是个隐藏专家，它隐藏在果实里面，果实是为了保护种子而存在，种子是为了繁殖而存在，不同的

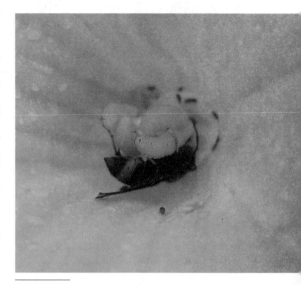

■ 兢兢业业为花传粉、获取蜜汁的虫子

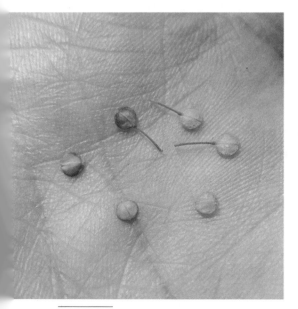

■ 千山我独行——独行菜的小种子

■ 掉落下来的果实，静静地立在地面上

■ 国家保护植物，濒危物种——红豆杉

植物有着不同的种子，形态各异，要多复杂有多复杂，然而这些种子却是诞生新生命的起点，它在土壤里会生根发芽，至此，又一轮循环开始了。

植物对整个世界产生很大的影响，这个世界不仅局限于我们人类生活的世界。原始森林中，一颗巨大的树木，是维持很多生物生存的家园，有生物在它身上捕食，有生物在它身上安家立寨，有生物依赖它而存活，亦有生物与它共存亡。

而在人类世界中，一盆美丽的花朵为我们装饰生活，一棵果树提供我们美味的水果，一片菜地为我们带来鲜美的蔬菜，还有麦田、稻田的产出能够让我们填饱肚子，补充每日必需的能量，它们为我们提供了食品、医药、纤维、燃料、建材，还会影响整个地球的气候变化呢！

我们长久以来一直都利用着植物，有时候也会互换位置，植物也会为了自己而利用人类。我有时候会想，那些培育出的新品种的植物们，是否利用了自己对人类的功能性，让人类照顾自己、培育自己并且发扬光大呢？这是一个很深奥的问题了，朋友们，你们认为植物会有意识吗？

在人类出现之前，开花植物就出现了，它们利用各种媒介为自己传播花粉，繁衍后代，为了能更好地繁衍生息，它们进化出各种各样的功能，它是为了取悦人类才开放美丽的花朵吗？并非如此，它们离开了人类还能利用大自然的运动、哺乳动物、鸟类和昆虫继续繁殖，而人类离开了植物，就意味着失去了更多，甚至离灭绝不远了。

　　只是现在，我们并没有好好地保护植物们，人类为了短期利益，会伤害它们，会为了发展而破坏它们的栖息地，因为自私而将野外生长的花朵据为己有，却没想过自己并没有能力让它们越开越多，从未想过因为自身的局限性，令它们越来越少。

　　全世界现在有大约45万种植物，有三分之一濒临灭绝，灭绝速度每年也在加快，这让我们意识到，我们必须去保护它们。我希望生活中不仅仅只有钢筋水泥，如果可以，我们一起去探索、推进，兼顾人与自然的平衡，让我们去尊重那些无言的绿色生命。

■ 夜色下的枫叶

你们身上有什么秘密呢？

我们来到了植物面前，怎么去挖掘它们的秘密呢？

每一种生物都有属于自己的秘密，我想全世界最复杂的就是人类的秘密了。人类心理的秘密、思维的秘密、身体的秘密，直到现在，我们还在不断探索中。

而这一次，我想说的就是植物身上的秘密。前面说到，植物有着悠久的演化历史，古往今来人类对它们的研究也在一直更新，更有文学大家将心志与情感寄托与它，植物学的分支也有很多很多：古植物学、植物分类学、植物解剖学、植物形态学、植物胚胎学、植物生理学、植物生态学、植物病理学、植物地理学等，每一个分支探究起来都藏着不一样的惊喜，这还没有包括植物的历史和文学的范畴呢！

本书不会告诉你们这些复杂又学术的内容，我们要了解的是那些有趣的、让我们学会尊重生命的、热爱生活的植物的故事。

太阳每天都会冉冉升起，它对地球上的所有生命都很重要，尤其是植物。对植物而言，叶子是制造食物的工厂，绿色的叶子需要阳光来进行光合作用，植物叶片中有许多叶绿体，这些小家伙们吸收阳光，将二氧化碳和水集合在一起变成碳水化合物，再释放出氧气，那些能量被输送至整株植物的每一个角落，使其茁壮成长，这个过程是专属于植物的天赋。

除了转化阳光，它的根须深扎于土地，也会和许多菌落和生物成为朋友，比如蚯蚓或者根瘤菌。在植物的地下世界里，根须吸收土地中的水和营养，植物

■水边沙滩上，冒出的嫩芽

■ 随处可见的小狗尾巴

体内的导管上上下下，不停地输送着能量与营养，它们和菌丝们合作共生，再与隐秘的小生物们进行交易，在我们看不见的世界里，它们微小又无名，却产生着源源不断的能量。

如果你是一个浪漫主义者，那我们可以去翻一翻以前的书籍，在号称"诗三百，思无邪"的《诗经》里，有许多诗句，朗朗上口又优美婉约，不少诗句里也提到了植物。

《国风·齐风·甫田》中"无田甫田，维莠骄骄。无思远人，劳心忉忉"中的"莠"指的就是禾本科的狗尾草。这种植物可随处可见哦，还是我们儿时最常拿来玩的杂草，毛绒绒的穗子随风摇摆，甚是可爱，像小狗的尾巴，故而叫作狗尾草。只是生性顽烈，随处都能生长，跑到田地里面，给农民伯伯带来不少困扰。这首诗里说它是一种令人烦恼需要清理的杂草，不然田地就要荒废了，种不了粮食了。

《国风·周南·芣苢》中"采采芣苢，薄言采之。采采芣苢，薄言有之"中的"芣苢"指的是车前。诗句中将人们采集车前的景象活灵活现地表达了出来：在春季的原野中，微风吹过一群人的发丝，在太阳的照耀下一棵棵车前被采摘，被

人们兜进了衣襟里面，这车前不仅可以作为鲜美的野菜食用，还可以作为一味良药治病救人，在公园的草坪、绿地、野外荒地里都能看到它的身影，它甚至还会生长在一些老人家的花盆中，小小的车前不服输，石头缝里它都可以钻。

■ 车前，因生长在大车之前而命名

《国风·周南·桃夭》中"桃之夭夭，灼灼其华。之子于归，宜其室家"，将桃花的美好与繁茂说得生动有趣，桃花开的鲜艳美丽，结的果实饱满水嫩，桃叶生长茂盛，一棵树被形容得如此圆满，以此来祝福那位嫁出去的姑娘，一生也像桃树一样生活美满幸福，家庭和睦兴旺，这首诗真是结婚时最好的祝福诗了，也难怪现在的人把遇到心仪的异性称作"走桃花运"。蔷薇科中的桃，这种既有高颜值，又含有吉祥寓意的植物，古往今来一直备受人们喜爱。它的花在园艺观赏中的地位相当高，人们还培育出许多不同的观赏品种；果实在水果界中也有不同品种栽培，极大地丰富了人们的视觉与味觉享受。

诗经中的植物有很多，研究诗经中的植物是需要付出很多时间和精力的。不仅如此，在屈原所作的楚辞中，也提到不少植物。在此后的唐诗、宋词、元曲中，每一首写植物的诗句都饱含诗人的忧愁、澎湃、宁静和愉悦等情感。

■ 人面桃花相映红——颜如桃花是对姑娘最美的赞誉

■ 传粉的使者中，亦有漂亮的精灵

如果你想要了解那些植物背后的历史故事与浪漫诗篇表达出来的情感，那就要好好地学习语言，这样你看到美丽的花朵时，就会用优美的语言说出自己的感受，你会变得更细腻更温柔，更能热爱生活中的微小事物。

不同国家都有属于自己的国花，咱们中国的国花到现在也还没有确定下来，通常都认为是牡丹和梅花，这两种花朵都具有深厚历史和文化背景，而且花朵的品质与形态也备受人们喜爱，更重要的是它们都原产于中国。

再来看看国外的。法国的国花是鸢尾花，是世界上最艳丽的花朵之一，古希腊人用彩虹女神的名字为它命名，每朵花上都有三个下垂的萼片，上面的花瓣又叫旗瓣，姿态诱人，辨识度很高。

还有荷兰、土耳其的国花郁金香、日本的菊花与樱花、韩国的木槿花、印度的荷花等，这些花在我们国内能时常的看到，而它们被当作国花的故事，却很少有人了解，这就需要我们博览群书，充实知识，才可以发现此中的秘密。

当然，植物的秘密不仅只有背后的文化故事和历史诗篇，在化学、医学、工业、农业、林业、园艺范围内，也有着非常广阔的知识海洋，希望我们的好奇心能够一直陪伴我们，去探索，去发现。

■ 法国国花是香根鸢尾，与鸢尾同科同属

我该怎么样去了解你们？

认识植物，我们需要怎么做？

每一种植物都有属于自己的特征和名字，在这里我们就一定要了解一个人：卡尔·冯·林奈（瑞典语：Carl von Linné，1707年5月23日–1778年1月10日），他是现代生物分类学之父，是来自瑞典的植物学家、动物学家。为了让每一种动植物拥有独一无二的名字，他开创了"双名法"来为它们命名。双名法是用拉丁文组合而成的，拉丁文使用的人少，也极其稳定，一种植物基本上由属名+种名组合而成，具有唯一性，国际通用。

所以，要认识植物的话，咱们一定要记好，林奈大神、双名法、拉丁文和中文正式名。

■ 林奈大神的人物像

谈起中文正式名，我们就要把眼睛看向《中国植物志》这套书了。

这是一部总结很全面的植物系统分类巨著，共126卷，光是能翻完这本书就要花很久很久的时间，这本书的成型，历经四代人，由三百多位植物学家呕心沥血完成，是全世界篇幅最大的植物志。

《中国植物志》不仅标注了植物的拉丁文名称，还为其取了独一无二的中文正式名，这对我们来说，就能够非常方便记忆植物的名称，查询和了解更多的植物知识了。

认识植物是一种技能，这种技能要结合其他能力才能更好地运用。比如规律的生活、饮食和锻炼造就一副好身体；弄清楚城市与郊区的绿色区域、公园和地形，则需要掌握地理知识和了解当地的情况；说走就走，需要的是不怕劳苦的毅力和执行力；最后是拍摄植物的技能，以及看到美丽又心动的花朵时，不采摘植物，抵抗占有美丽的私欲。

有的植物学家和爱好者还会画一手好画，把看到的植物用笔和纸描画得惟妙惟肖，这也是我的终极目标，目前还在努力练习中呢！

如果热爱植物能够让我们学会以上那些品质，我想无论做任何事情，我们都能将遇到的困难一一克服吧。

准备好了吗？朋友们，让我们推开植物世界的大门，开始学习吧！

■一叶知秋，植物会告诉你四季时节

■ 园艺界热衷于培育各种各样的菊花

首先，我们需要有一个能够拍摄影像的设备，比如手机与相机，它们会帮你在瞬间记录下植物的花叶果实，不过要稳一点，更稳一点，不然拍的模糊就无法看清拍的是啥了。

然后，我们需要一本小小的植物图鉴或手机里的识花软件，如果你是热衷于翻书的伙伴，我推荐一本《中国常见植物野外识别手册》，如果你是手机达人，那就用形色App或者花伴侣App，大部分常见植物都鉴定得相当准确。

最后，就是一颗想要去了解植物的心了，如果没有这份热情，哪怕你准备得再充分也没用哦！

从身边触手可及的植物开始，如果家里有长辈栽种植物的话，那可是难得的增进家人感情的机会，你可以询问他们种植的植物名字，它们有什么特点，什么时间

■ 院落里的宠儿——月季花

开放，还可以问他们为什么喜欢栽种它，有什么作用等。我们在家里常常能看到的是月季、多肉植物、茉莉花、栀子花、秋海棠、蝴蝶兰、吊兰和绿萝这些具有装饰性又好养的植物。

如果可以的话，与家人合作去种些其他美丽的花朵，先去购买种子，记下种子的样子和种植日期，将种子栽进土里，一天一天的等待着——

看，发芽了，记下日期，数一数冒出来的芽是单片叶子还是两片叶子？

看，它长高了，拿把尺子量一量尺寸，继续记下日期。

看，它又出现了新的叶子，记下来这个新的发现，然后继续写日期。

……

这种记录，会一直持续到它开花、结果、落叶、凋零的那一天。

在这样的过程中，你不仅会看到生命的各种生动有趣的变化，还会经历照顾这个生命所碰到的种种波折，长虫子了叶子被啃得七零八落，生病了该用什么方法治疗它，营养不良该怎么给它调理啊，它是缺水啊还是缺阳光，它应该放在哪里才能长得更好……

不得不说，自己栽种植物能够对生命的顽强与变数体会得更加深刻，但这条路也是最需要耐心的。

■第一次看到含羞草开花，如此可爱

■ 大戟科的泽漆，含有乳白色的汁液，会导致过敏

那有哪些简单轻松点的方式呢？那就是迈开两条腿，走出去吧，带上相机和手机，来到离自己最近的一片花坛、草地、绿化带和公园。

这些地方最常见的植物都是园艺林业中热门的宠儿，有高大乔木，亦有低矮小草，中间还有我们一伸手就触碰到的灌木，上有栾树、刺槐、广玉兰和梧桐木，中有紫荆、樱花、梅花与夹竹桃，下有三色堇、金盏菊、蓝猪耳及葱莲，其中还混杂着热爱躲猫猫的含笑，贴地懒洋洋晒太阳的阿拉伯婆婆纳，石缝中也要坚挺的通泉草。

更多的我就不啰唆了，需要你自己去看。除了我说的那些植物，还有许多小家伙们最擅长大隐隐于市了。

等你不满足在城市里的绿化区域寻找那些植物时，确实应该往远方进阶了，自然风景区、乡下的森林、大型植物园、野外徒步路线，是发现更多新奇植物的好去处，只是这场旅行最好有人结伴而行，如果没有伙伴也不要觉得孤独，只是需

■ 荨麻的叶子和根茎上，都有让人皮肤灼烧的刺

■ 初冬的水杉林，笔直冲天，像一朵朵火焰

要做更充分的准备，你需要了解你要去的方向是否安全，手机信号是否通畅，将路线和目的地仔细告知亲朋好友，夜晚之前一定回家，带好水与食物，如果去的是林子，你要穿上长衣长裤、帽子与防滑的好鞋子，还要带上驱虫水。

最重要的前提是，一定要有充分的植物认知。野外的植物天性蛮横，热烈又狠辣，如果你碰到了荨麻、漆树和带刺的家伙，不让你受受伤简直是它们的不敬业。当然，不仅仅是植物会让你吃苦头，那些伪装在枝条、叶子、树干中的小虫子们，不小心接触到也一样会令人难受，进阶之路是没有那么容易的。

只是，唯有这种方式，才能看到更多的风景，收获也是最大的，它会磨炼你的意志，开阔你的心胸，让你体验到天地悠悠、万物有灵的信念，你会发现那些烦恼都不叫烦恼，那些痛苦都烟消云散，日常琐事都会看淡，令你更有动力去热爱生活，包容一切。

最后的最后，把拍摄到的所有植物，通通整理起来，何时何地何种地形，然后加入植物爱好者的团体中，虚心请教，再利用获得的信息查询权威书籍与网页，小心求证，在你确认的那一刻，我希望你能好好感受——在这片广阔的海洋中，我游荡了很久，终于找到了你。

第二章
春天的植物很温暖

时常见它毛绒绒，其实人家也会开花

——蒲公英

至贱而有大功，惜世人不知用之——清代《本草新编》

被子植物门 Angiospermae	菊科 Asteraceae
蒲公英属 Taraxacum	蒲公英 Taraxacum mongolicum

　　广布天南海北的蒲公英，是我最喜欢的一种植物，将其放在第一篇，是因为它是一种非常具有力量的小花。

　　蒲公英是一种常见的野草，最早出自于《唐本草》："蒲公英，叶似苦苣，花黄，断面有白汁，人皆啖之。"说明在唐代以前就有它存在了，可惜古人对蒲公英并不感冒，他们并不爱玩那些白绒球，因此很少有人为它写诗。

　　想到这里就有点哀愁，常见的野草之车前草就可以在《诗经》中有："采采苤苢，薄言采之"的唯美诗句千古流传，而蒲公英只能记载在药物医书中，我对此颇有些不平。

　　它在中医药学里面明明有一千多年的使用历史啊，甚至有些学者还认为，蒲公英是在三千万年前就开始存在生长的，在俄罗斯南部还出土过蒲公英的化石种子呢！

　　让我们仔细看看蒲公英，它是菊科中的一种开花植物，花朵具有菊科植物的明显特征，它是头状花序，未开花时叫作总苞，一朵朵的舌状花先从外围开花，中间冒出那些卷卷的可爱的花柱，再接着中间未开的花也会继续打开，直到完全开花为止。

　　整个花序像是一种圆形的乐器，每一朵舌状花都是琴键，那些花柱们像踩着琴键的精灵，轻轻地弹奏乐曲。等这些花柱上的花粉都唰唰唰的互相接触完毕，就可以静静地等待果实的出现了。

　　早春之后的蒲公英会从大地上一朵又一朵地冒出来，悄无声息的告知我们天气暖和，太阳正好。

　　蒲公英的叶子铺在地上，呈莲座状，叶子带有锯齿，在法语中称为dent de lion，意为：狮子的牙齿，以蒲公英的叶子像狮子的牙齿而得名。

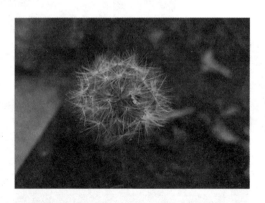

　　我们会在什么地方看到它呢？一定是向阳的草地和山坡上，它的花朵是亮眼的黄色，像小太阳一般，连作息规律也像太阳，白天开放晚上关闭，当这些花变为果实后，每一粒小瘦果就会随着风吹来，飘飘荡荡去往远方，像接连不断的降落伞，那一定是很浪漫的事情，因此它的果实在英文中也被称为blowballs，意为絮球。

　　我们很喜欢把它的絮球拿来玩，看上去毛绒绒的甚是可爱。带着冠毛的是许多小果实，白色的冠毛下是一根纤细的圆柱形喙基，下面连接的就是瘦果。了不起的是这些还没有米粒大小的瘦果竟然会是一些鸟类的食物来源。

在北半球，花朵对蜜蜂来说很是重要。在春夏季，蒲公英可以为蜜蜂提供花蜜和花粉，让蜜蜂有更为丰富的食物来源，顺便也让蜜蜂帮忙授粉繁殖。

蒲公英花期是4~9月，果期是5~10月。事实上，蒲公英的花期和果期基本上覆盖了全年，只要在野外，阳光不错，温度尚可，有土有风有水的情况下，不经意间，你就会发现它。

在我没有深入了解植物世界的时候，竟不知道它会开黄色的花朵。我一直以为它结的白色绒球就是它的花，风一吹过，种子的旅行就开始了，像是怀揣着希望去往远方，然后在远方开花结果，生生不息。若是你童心未泯，吹上一口气，这些种子便四散开来告诉你：拜拜啦，我要去走四方喽，谢谢你的助力。

如今的菜市场里，会有人将其当作蔬菜来卖，上了年纪的老人家会在自家花盆里栽种一些，春天食用嫩叶部分，可以和肉馅做馄饨饺子，也可以炒菜煮汤，还能凉拌，野味十足。

在国外一些地方，还会有人制作一种Dandelion

coffee——蒲公英咖啡。这是用蒲公英植物的根部制成的凉茶，用作咖啡的替代品。方法便是将蒲公英的根部采集出来，进行干燥处理，再切碎烘烤，然后研磨成颗粒状，至于它的功效作用嘛，它只是一种饮料罢了。

　　虽说蒲公英可以用来食用和饮用，但清热败火之余它的药性是属寒凉性质的，最好谨慎用量哦!

　　蒲公英不仅可以食用，另一方面，它在园艺中还能用主根为土壤增加营养物质，比如某些矿物质和氮元素，它可以释放乙烯物质，能催熟一些水果。在德国有一个科学研究机构叫弗劳恩霍夫研究所（Fraunhofer–Gesellschaft），他们开发了一种从蒲公英乳汁中提取天然橡胶的技术，可以用来制作轮胎和橡胶制品，虽然这种技术离我们的生活还有一定的距离，但每一项科学技术的成果到最后都会应用到我们的生活中，也是非常值得期待的事情。

早春时节，草地上的蓝色星光

——阿拉伯婆婆纳

被子植物门 Angiospermae	车前科 Plantaginaceae
婆婆纳属 Veronica	阿拉伯婆婆纳 Veronica persica

　　早春三月，乍暖还寒，这个时候若是有心留意脚下，就会看到地上开着成片的蓝色小花，星星点点的，是春天颜值颇高的使者。它的名字就叫作阿拉伯婆婆纳，别称波斯婆婆纳。

　　初次听说此名，我的表情肯定很有意思，有些惊讶又有些呆愣。那时候我对植物世界一无所知，尚不知植物界里面有多少奇葩又逗趣的名字，就这样一朵小蓝

花，打开了我对植物世界探索的大门。

　　好好的一朵小可爱，咋就取了个"婆婆"名字，这不是老人家么，难道与此有关？

　　看看它的拉丁名：Veronica persica Poir，属名音译为维罗妮卡，常被用来取作女孩的名字，牵强附会一下，维罗妮卡是一个美女，后面两个P带头的词汇，叫成"维罗妮卡婆婆"或"美女婆婆"？

　　阿拉伯婆婆纳起源于西南亚，自19世纪就遍布全世界了，在英国最早记载的时间是在1825年，中国最早记载于1919年~1921年的《江苏植物名录》，它在短短

的一百年间迅速蔓延，如今在全世界都能看见它的身影。

　　它喜欢出现在海拔1700米以下的路边、荒野及垃圾场，还有田地菜地里，是一种很恼人的杂草，它的繁殖能力很强，性质顽强，严重危害一些农作物的生长，有些害虫和病毒也拿它当作寄主。作为一个入侵植物，它人畜无害的样子很容易迷惑人，谁曾想这种可爱又诗意的小花会是霸占其他植物生活空间的坏蛋呢？

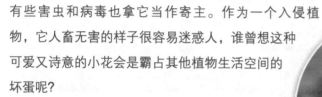

　　让我们看看它的样子，它生的矮小，热衷

于铺在地上，叶子堆成一团一团的，再从下面伸出一条长长的茎，顶端就生出一朵小蓝花，就只有小指甲盖那么小，小蓝花有四片花瓣，三片大一片小，上面都有深色的竖条纹，花朵中间有细毛，细毛下面就是花蜜储藏的地方，两支雄蕊呈弯曲状围着中间的花柱，雄蕊顶端的蓝色部分就是花药了，上面会有黄色的粉末，那自然就是花粉。

可是它真的是坏蛋吗，原本好好地在老家过着小日子，不知道是谁路过，带着它去了其他地方，由于自身繁殖力强而越长越多。它在农业上的危害，有相关的农药产品可以消灭它，就算在一方面被人讨厌，另一方面它也可以是一种医药材料，全草入药，能治疗肾虚腰痛和风湿疼痛。也有人将其种子拿来喂养鸟类。

有心的朋友们，如果你们喜欢，可以在春天时摘一点点种在花盆中，不用刻意管理，年年都会回报你天蓝色的美哦！

点点珍珠水畔见，白染一片春光

——泽珍珠菜

被子植物门 Angiospermae	报春花科 Primulaceae
珍珠菜属 Lysimachia	泽珍珠菜 Lysimachia candida

泽珍珠菜这样的小花，很适合编故事，作为一个想象力还算凑合的人，我还真给它编了个小故事：

从前有一对恋人，他们很恩爱，最喜欢在山坡上约会，小伙子把泽珍珠菜上的小花采下再用线穿上，然后戴在姑娘的头发上，姑娘的头发像是点缀了明亮的小珍珠，含羞带笑的面容，别提多美好了！

然而有一天出现了洪水，淹没了庄稼和房子，人人到处逃啊逃，小伙子人很好，他救了姑娘又折回去救其他人，却不想在疲惫不堪的时候竟然没有人伸出援助之手，他就这样被洪水冲走了。

姑娘伤心的眼泪洒满了山坡，山坡上珍珠一样的小白花也被泪水沾湿而垂下了头，于是泽珍珠菜有了花语：噙着眼泪的思念。

泽珍珠菜属于报春花科，这种小白花在春天是一抹清爽的景色，喜欢居于水泽之畔，时常在田边、溪边、山坡路旁的潮湿处冒出头来玩耍，故而名字中含有"泽"字，通常在亚热带的湿润山地区域有分布。

我们上山下乡玩，在河水、溪水、清泉边上，在稻田和湿地草丛中，都可以看到它。

细看一株泽珍珠菜，它的茎直立向上，花序是总状花序顶生，密集的堆在最上面，朵朵小白花排列成一个阔圆锥形，长在下面点的花稍微散开，但也开得比上面的花更早，这不影响它整体颜值，小花洁白得没有一丝杂色，花蕊处外围有五根花丝伸出，花丝上有黄色花粉，中间则是花柱，每一朵小化都朝天空望着，像是要把这短暂明亮的一刻送给上天作为回报。

当昆虫为它们授粉后，花朵就开始结果，果实圆溜溜的，仔细看上面还有花

柱，这么一瞅还挺像很多棒棒糖长在上边。

每一种花草树木都有其功用，此花也不例外。《中国植物志》上记载：全草可入药，广西民间用全草捣烂，敷治痈疮和无名肿毒，具有清热解毒、消肿散结、活血化瘀的功效。

最早在明代《救荒本草》记载，称其为"星宿菜"，言其：苗叶味甜，救饥采苗叶，煠熟水浸淘净，油盐调食。看来，泽珍珠菜不仅仅是好看，在以前的荒年它还可以当作野菜充饥。

泽珍珠菜原产地是中国南方，不是入侵物种，却在《北京地区外来入侵植物的初步研究》里被列入入侵植物名单，原因是跟随园林植物引种带到了那里。

它的适应性很强，可以在其他地方茁壮生长，长得多了还是会影响田地的农作物，因此农民伯伯对这个家伙也是挺头疼的。

阳光渐渐破碎，洒在那红花上
——红花酢浆草

被子植物门 Angiospermae	酢（cù）浆草科 Oxalidaceae
酢浆草属 Oxalis	红花酢浆草 Oxalis corymbosa

作为一种广布大江南北、世界各地的植物，我们对酢浆草肯定不陌生。

它带着富有特色的五片花瓣，以及靠在一起的三片爱心状叶子，走进我们的生活。

从早春三月到炎炎夏日，从金风送爽的秋天到萧瑟冷清的冬季，我们都可以看到它。

不论是我们居住的小区绿地，还是公园野外，都能发现它身影，实在是随时随地存在的老朋友。

老朋友也有不开花的时候，比如阴雨天或夜晚来临，花朵会闭合起来，跟向日葵是一个属性，出了太阳才会给个好脸，没出太阳就闹情绪，简直是个傲娇的"小公举"。

因为酢浆草拥有独特的心形叶子，它被列为幸运草之一。传说找到四片叶子的三叶草会得到幸运，孩提时，我们最喜欢和小伙伴们一起在草丛中寻找"幸运"，其实这种植物出现四片等多片叶子是一种基因突变，概率很低，将它当成幸运草也没有问题，毕竟你在十万朵中寻找到一株四片叶子的小草，不是幸运是什么呢！

酢浆草科的植物有很多种，它们这一家富含草酸，因而不管是黄花还是红花，叶子都是酸溜溜的，小伙伴们还会把这个放在嘴里品尝，哈哈，都被酸得脸都变形了，所以它别名大酸味草、酸溜溜、酸味草和铜锤草可不是乱取的。

这次介绍的酢浆草，长得都特别像，有时候很难辨认具体物种，将它们统称为红花酢浆草也可以，都是在国内很常见的小草，让我们欣赏下吧！

红花酢浆草的老家，在遥远的海的那一边，在南美洲的热带区域，它很喜欢湿热的环境，由于叶子和花的样子看着很可爱又美观，就引入长江以北作为观赏植物了。

没想到这家伙那么厉害，适应性强不说，鳞茎还极易分离，繁殖迅速，一下子就冒得到处都是，在日本也有很多，一般都长在低海拔的山地、路旁、荒地或水田中，常为田间莠草。

见过酢浆草的根部吗？

它的根部像个萝卜一样，粗厚晶莹，充满水分，这种根部是酢浆草的粮草库，储存着很多水分和养分。

秋冬两季干燥寒冷，这个萝卜似的粮草库可以让它们在这段时间内茁壮成长，一直到粮草库的养分渐渐被吸收干净，酢浆草也就开始了休眠。

除此之外，它们的繁殖方式不仅仅是开花结果，休眠时期根部附近会形成种球，这个种球能够繁殖新的酢浆草，就因为这样，我们才会在很多地方发现这个家伙。

接下来说到了吃，查过资料可见：红花酢浆草茎叶可食，含大量草酸盐，叶子含柠檬酸及大量酒石酸，茎含苹果酸。

采摘后，用清水洗干净，然后放入开水中略微焯一下，捞出后可凉拌、炒菜，含有那么多酸，当菜吃肯定也是酸溜溜的，据说比醋还酸，哈哈，想尝鲜的朋友可以去挑战一下。

因为全草无毒，可以入药，有清热

消肿，散瘀血，利筋骨的效用，可治疗痢疾、咽喉肿痛、跌打损伤、白带过多等疾病。

还真是一草一木皆不多余，想想自己知道这么多就有点小骄傲呢！

有关红花酢浆草，有三种颜色相似的种类，它们分别是红花酢浆草 (Oxalis corymbosa DC.)、关节酢浆草(Oxalis articulata)、多花酢浆草(Oxalis martiana)。

而关节酢浆草，它以前的种加词不是"articulata"而是"rubra"，在拉丁语中，前者意为"关节的"，后者则是"红色"，这就和红花酢浆草有所冲突了，不利于物种的分类。思来想去，植物学家最终以"articulata"来为它命名了。至于为什么叫关节？估计是命名人的趣味吧！

实际上，红花酢浆草和关节酢浆草长得很像，不认真观察还真难看出它们的不同，而且关节酢浆草在园艺界中亦被称为"红花酢浆草"和"粉花酢浆草"，想想也挺复杂的，非专业人士还是欣赏欣赏就够了。

红花酢浆草又叫铜锤草，它的叶子比其他两种酢浆草更大，这个区别是很明显的。多花酢浆草，顾名思义自然是花朵比其他两种更多，通常能有5~10朵左右，这三种相似的小红花，无一例外都被用来美化绿地和草坪，不管它们是谁，从哪里来，感谢它们给生活带来的美好。

你们闪开，我才是正儿八经的幸运草

——白车轴草

被子植物门 Angiospermae	豆科 Fabaceae
车轴草属 Trifolium	白车轴草 Trifolium repens

　　"找到四片叶子的三叶草就会遇到幸福。"这种说法也不知道是何时风靡于世的，带着美好的期待和愿望，那时候的我们会把酢浆草误认为是三叶草，只因为它长着三片心形的叶子。

　　在网络发达的今天，才发现真正的幸运草不仅有三片心形叶，叶片上还有白色的心形纹路，原来以为世间不会有如此巧合，会有这样事物的存在，不曾想是真的有，还特别常见。

　　初次遇见正主是在寺庙里，它们铺在菜园子的角落，和想象中的有所区别，不是每片叶子都是心形。

　　犹记当时和寺庙里的师傅、居士分享那份发现新大陆一样的喜悦心情，我们在菜园里发现了不仅仅是几棵四叶的草，师傅甚至还眼尖地找到五叶和六叶的，那种简单又平淡的快乐令人难以忘怀。

　　按照拉丁学名的分解，Tri是"三"，folium是"叶子"的意思，组合起来就是Trifolium车轴草，亦是"三裂的叶子"，repens则是爬行、匍匐的意思，符合植物的生长特征，最后中文名叫作"白车轴草"，又名白三叶草、荷兰三叶草、拉迪诺三叶草，其中拉迪诺是一种西班牙犹太人说的方言。

　　每年四月开始，我们就可以看到白车轴草开花了，它是豆科家族中的一员，它的家乡在欧洲和中亚，在不列颠群岛上到处都是，全世界都有种植，并且人们用它来喂食牲畜，在草坪和花园中，它也是很普遍的装饰植物，会呈现出一种层次分明的美感。

　　作为多年生又低矮的植物，它的叶片结构叫作三小叶复叶，铺在地上呈出青翠的绿意，上面白色V型条纹明显又精致，丛中长出高高的花茎，顶端是由很多小白花组合在一起的圆形花球，俯视看下来，那种别致又规

整的构造还真的像一个车轮，难怪叫车轴草，在一片绿色中有朵高挑的"白美人"，还真是令人赏心悦目。

咱们中国在20世纪就把它引入用在园艺中了，这家伙适应力很强，在湿润的草地、河岸、路边呈半自生状态，一不小心会长很多很多。

它还是一种优良牧草，含丰富的蛋白质和矿物质，抗寒耐热，在酸性和碱性土壤上均能适应。和紫云英一样，小蜜蜂也很喜欢采集它的花蜜食用，它们也有根瘤菌，能够固氮，减少土壤里的肥料流失，保持土地的健康，还会减少草坪上的病害。

在印度，白车轴草甚至是治疗肠道蠕虫的民间药物，晒干以后还可以当成烟草。

白车轴草的叶子和花还是一种宝贵的生存食物：它们富含蛋白质，分布广泛，数量丰富；新鲜的白车轴草在饥荒年代可以充饥续命，富裕年代则被用作沙拉，作为其他蔬菜的配菜来添加，这种吃法已经持续好几个世纪了，不过对人类来说，它们有个不容易消化的问题，但只要煮沸5~10分钟就可以完美解决。

有一个俗语叫"to be (or to live) in clover"，在三叶草中生活，意指过着无忧无虑又安逸、舒适或富裕的生活，这就是很多人的追求吧！

　　然而，在一片白车轴草丛里，遇见四叶草概率是十万分之一，如同十万人里才碰到合心合意的朋友、知己与爱人，而我们人生百年又能拥有多少重要的人呢！

　　在这种罕有的概率下，我们愿意将自己幸福的寄托在"遇见四叶草会幸福"的说法上，也是很浪漫的事情啊！不管怎么样，碰到一片白车轴草丛，偶尔像个孩子一样做点幼稚的事情，想想也是特别有趣。

　　在爱尔兰，每年的3月17日是他们的国庆节"圣帕特里克节"，圣帕特里克是爱尔兰的守护神，他用三叶草为代表，告诉大家每一片叶子的含义：信仰、希望与爱，使得爱尔兰人相信三叶草代表着幸福与神性，3月17日是他逝世的日子，为了纪念他就将这一天定为国庆节。

　　节日当天，会有很多绿色交织在一起，有心形叶子的三叶草和传说中的绿衣矮人，矮人从上到下都会打扮成绿意盎然的样子，还会喝绿啤酒，吃绿冰激凌，举国上下一片绿，这是绿色的狂欢。这是属于他们自己的文化，带着对未来的期许与对生活的感恩。

风吹过山坡，"牙刷"开始摇摆

——韩信草

被子植物门 Angiospermae	**唇形科** Lamiaceae
黄芩属 Scutellaria	**韩信草** Scutellaria indica

　　我曾坐车前往乡野的植物园，那个地方也是头一次去，然而错估了路线，在离目标还有两公里的时候被司机叫下了车。

　　我只好用传说中的"11路"前往那里，就是两条腿。

　　那条公路两边都是密林，路边栽着高耸的香樟树，为我遮挡了一路的阳光，让我免于日晒之苦。时值四月，草长莺飞，路边草丛也若隐若现一些小花。

在快要到达我要去的三峡植物园时，墙外长着的紫色烟霞迷了我的眼。

走近看，才发现这片紫雾是由一株株拔地而起的韩信草堆起来的。

韩信草，韩信草，名字听上去就蕴含着历史的气息，这是一位鼎鼎大名的人物，他的故事被后人传颂，我查了下韩信草此名来源，然而信息有点乱，不清楚韩信草的这个传说故事是从历史上传下来的还是由今人杜撰的。

故事是这样的：韩信大将军从小命苦，爹娘不在人世了，为了生活钓鱼去卖，某天被几个小混混给痛揍了一顿，严重到连床都下不来。幸而邻居大妈热心，不仅送饭照料，还从田里采了一种药草给他服用，这药挺给力的，没过几天他就满血复活了，有没有报复小混混就不清楚了。他后来从军，建立战功成为将军，打仗

时，士兵免不了受伤，他就叫人采集这个草药给伤员治伤，战士们都很感激，问这个草药叫什么，韩大将军表示不知道，于是大伙儿就拍板说就叫韩信草好了。

韩信草在城市里面很少见，在野外山坡上会有很多，它们会长到及膝的高度，从2月开始就开花一直开到6月，也是春天的小精灵之一。

它们从地上钻出来，伸出长长的花柄，花朵开始排队往一个方向长起来，很像一把紫色的软软的刷子，故而有人称其为"牙刷草"，让我们靠近了看看，还有更多惊喜，在蓝紫色的花朵下面留着的白色位置上，有深紫色的斑斑点点，搭配得异常美妙。

它的适应性及生命力很强，分布也很广，生长于江苏、浙江、安徽、江西、福建、台湾、广东、广西、湖南、河南、陕西、贵州、四川及云南等地；生于海拔

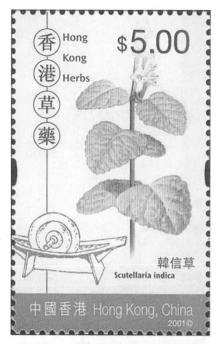

Hong Kong Herbs

香港草藥

$5.00

韓信草
Scutellaria indica

中國香港 Hong Kong, China
2001©

1500米以下的山地或丘陵地、疏林下，路旁空地及草地上。

国外如朝鲜、日本、印度、中南半岛、印度尼西亚等地也有。

之前查资料的时候，发现2001年10月7日，香港邮政发行过一套4枚香港草药的邮票，韩信草也入选其中。

黄芩属的植物中不少都有抗病毒作用，因此韩信草在中医药里面也有相关的药用记载和效用，说其全草无毒，可清热解毒，活血止痛，止血消肿，利咽喉，治跌打损伤。

有江苏的朋友说，他们那边会有人拿"牙刷草"晒干泡水喝，也会拿来泡水煮水洗澡用，有长辈抓蛇，若是被蛇咬了也可以捣碎了敷在伤口上，具体效果如何却不太清楚，但是我依然劝大家不要随意用草药，谨慎第一呀。

最后吐槽一下，有的人将半枝莲叫成韩信草，也有将韩信草叫成半枝莲的，这种情况必须纠正一下，半枝莲和韩信草是同一属下的两种植物，不同地区对植物有着不同的称呼，因此碰到这种情况，还是多查询专业资料，才不会出错，不过这个就是咱们这种热爱植物之人的工作了。

早春的紫色里，有株佛系的小草

——宝盖草

被子植物门 Angiospermae	唇形科 Labiatae
野芝麻属 Lamium	宝盖草 Lamium amplexicaule

　　我去郊外的小山坡遛了一圈，看到山坡上的小野花正在相继开放，真是一幅好春光啊。

　　其中有一种紫红色的小花，趴在地上，它们的叶子是圆形或肾形的，把中间的茎包裹住像一个圆盘，很可爱的样子。

　　它叫宝盖草，听上去很形象，在其他地方也有俗名叫珍珠莲、接骨草、蜡烛扦草和莲台夏枯草，我对那个莲台夏枯草抱有很大的好感，听上去很有佛性，所以我对它命名为宝盖草有那么点怨念。

它起源于地中海地区，后来遍布世界各地，《苏联植物志》里有它的记载，不过因为地方性差异，植株有些差别。

在中国，人们对它没有多大的感觉，充其量是朵很可爱的小花。

这种繁殖力很强的家伙，喜欢在田里面长来长去的，蛮烦人的。

在云南却是种民间常用药，具有通经活络、平肝、消肿等功效，用于跌打损伤和骨折等一些外伤，有着较长的药用历史。

初春，和宝盖草一起出现的，还有荠菜、繁缕、卷耳和婆婆纳，都是植株不高的小型杂草，这些小杂草们聚在一起，纤细苗条、洁白可爱、蓝色点点，加上宝盖草的紫红色的点缀，在小小的

世界里也是别样的风景。

它的英文名叫Henbit Deadnettle，拉丁名Amplexicaule，是"紧扣、抱茎"的意思，像极了它的形态：叶子紧紧地抱住它的茎。

宝盖草在早春开花，它是草地生态系统的关键部分，春耕的时候整个田地会被花朵染成紫红色，它为传粉的使者提供花蜜，为动物提供饲料，小鸟飞来了又飞走了，顺便用它的种子饱餐一顿，怎么想宝盖草都是默默无闻的贡献者，然而它却是个有争议的家伙。莫非一种植物的繁殖能力太过强悍也会引起争议的吗？

宝盖草有两种类型的花，短花冠的闭花授粉花和长花冠的开花授粉花，闭花授

粉是自己给自己繁衍后代，有利于开拓新的定居环境；开花授粉是让自己和其他的宝盖草结合产生新的后代，后者能够让后代适应更多的环境条件。

　　不得不说，这两种授粉方式的结合，实在是太厉害了，它让宝盖草成功地占据全世界很多地方，泛滥在田间，农民伯伯对此相当头痛，这家伙实在是太难清理了。

　　可回头想想，有虫子的时候让虫子帮忙传粉，没虫子的时候自己来繁殖，总有办法让子孙无穷尽——这都不算佛系还能咋佛系？

　　它还可以食用，据说是一种味道不错又无毒无害的野菜，有人竟然将其比作没有味道的薄荷，采集茎叶和花朵中稚嫩的部分，可以做成熟菜也可以凉拌，还可以煮汤喝。

　　国外的朋友们称其营养丰富，富含铁、维生素和纤维，抗风湿、发汗、护肝，看来不仅仅只有华夏儿女出"吃货"呀！

春来田野遍地紫，化入春泥稻田丰

——紫云英

被子植物门 Angiospermae	豆科 Fabaceae
黄耆属 Astragalus	紫云英 Astragalus sinicus

没有拍到多少张紫云英的照片，是很遗憾的事情。

这家伙说好找也好找，说不好找也挺不好找的，少数长在野外绿地里，多数长在麦田或者稻田里。

如果你有幸在春耕之前，暖暖的微风拂面时，去城郊乡镇的田地里寻觅，就会看到紫色的小花绵延成一大片，朵朵都在里面唱歌。

小花有着英气又潇洒的名字：紫云英。

好像一名雌雄莫辨的游侠，身着紫白配衣装，黑色的短剑隐在衣服里，李白有一句诗：事了拂衣去，深藏身与名。还别说，这句诗真是贯穿了紫云英短暂的一生。

紫云英是什么样子呢？用我仅有的三张照片告诉你们吧！

它开花很漂亮，花如其名，紫色的云英石。

在一片草地里，一朵紫云英冒出来挺显眼的，它是总状花序，几朵花围成一圈呈伞形，蹲下身来平视，上面的每一朵小花都有着豆科花特有的形状，瞧那旗瓣中间白色部分还有紫色的放射状纹路。

最有趣的是将整朵花俯视下来看，辐射状对称的圆形，像车轮子，像溜溜球，像万花筒里面精彩缤纷的图案，所以它还有个别名叫"摇车"。

怎么样？是不是很美丽啊？

别以为它只有美丽的颜值，它在自然界中的贡献也不低，紫云英在我国各地广泛栽培，是一种重要的绿肥作物和牲畜饲料，农民伯伯春耕之前将它种在田地里，是大有深意的。

这种小使者含有氮、磷、钾、锌、锰等多种养分，肥力稳定而持久，因此它还上过新闻呢！作为一种纯天然生物有机肥料，它能改善土壤的肥力，还能改良土壤的重金属污染。有朋友告诉我，在乡下老家，长辈们会在春耕之前种植紫云英，可以让作物增产。

同时，它还是一种很好的蜜源植物。蜜蜂很喜欢在田里采集紫云英的花蜜，最后变成超市里受人欢迎的紫云英花蜜，清香甘甜。

除了这些，紫云英还是牛羊的营养饲料，嫩芽可以摆上人类的餐桌，独有风味。

四月的尾声有谷雨，春雨蒙蒙时坐车路过出野，看到一辆拖拉机进入田地里，将种着紫云英的土地进行翻耕处理，到了五月中旬便会成为优质绿肥。

那些美丽的紫色身影因为经济效益原因葬入泥土，那些被它滋养的土地，在上面种植水稻能大大提高产量和品质，还能减少化肥的使用，降低化肥的污染，蜜蜂们也采集了足够的花蜜，紫云英为人类与自然贡献了一切。

在古代的典籍中也不乏对紫云英的记载，只是紫云英其名却找不到来处了，《尔雅·释草》中它叫作"柱夫，摇车"，"为可食之草也。一名摇车，俗呼翘摇车。蔓生紫华，花翘起摇动，因名之"。《本草纲目》里，李时珍描述：茎叶柔婉，有翘然飘摇之状，得名翘摇。

日本把紫云英叫成"莲华草"，是春季的风物诗，不知何时从中国跨海到了日本，因为开花的样子很像小朵的莲花，故而取名"莲华草"。

不管是紫云英也好，莲华草也罢，对我而言，它对世间的奉献不仅仅是开出美丽的花，当我们捧着一碗香喷喷的米饭或一杯清甜的紫云英蜂蜜时，别忘了这里面，除了农民伯伯的汗水，还有一种叫紫云英的植物贡献了看不见的力量。

蝴蝶一样的花，开过了千年的历史

——三花莸

被子植物门 Angiospermae	唇形科 Lamiaceae
莸属 Caryopteris	三花莸 Caryopteris terniflora

　　四月的宜昌，温度恰到好处呢！不冷不热，凉爽怡人，再加上漫山遍野的葱葱绿意，小花们钻出来唱着春歌，简直不能再美妙了，选个好天气出去爬山采风，总比宅在家里好。

　　事实证明，热爱大自然的孩子运气不会差，在登山途中，我竟然邂逅了美丽的三花莸。

在长长的石阶边，它努力地伸出自己的茎叶与花，像好奇宝宝一样注视着一切，那时候的我就像碰到梦中情人一样，忘乎所以，坐在阶上观察良久。

找到它叫什么名字也不容易，毕竟它对我们来说很陌生，慢慢检索，看着它的照片，根据外形觉得它是唇形科的花，再查询科下各属的形状特征，最后敲定为莸属。

莸属（Caryopteris）的英文名为bluebeard，意为"蓝胡子"，以其为莸属植物命名，是因为莸属植物开花，都有长长的花丝伸出来，像胡子一样。

我们形容一朵花的形状，很容易词穷，世上的繁花千千万，每种都不一样，又如何能用贫乏的语句来表达它们的美丽呢？但是按照植物志或专业书上的描述，又是如此晦涩难懂。

《中国植物志》是怎么形容的呢？"花冠紫红色或淡红色，长1.1~1.8厘米，外面疏被柔毛和腺点，顶端5裂，二唇形，裂片全缘，下唇中裂片较大，圆形；雄蕊4枚，与花柱均伸出花冠管外；子房顶端被柔毛，花柱长过雄蕊……"

这种描述实在是缺少美感，那么就按照我自己的理解说明好了：三花莸的花从正面看是白色，背面则是紫红色，上半边像蝴蝶翅膀一样对称分开，下边一片大花瓣像一条裙子，铺着紫红色斑点；花丝从上边中心伸出来，弯出一个优美的弧度，人类的词汇在自然界各种生物的变化里，还真有些不够用了。

古往今来，它有很多别名，为什么最后叫三花莸，还找不到出处。

在中药典籍里面，它的药名叫

作六月寒，民间的俗名有大风寒草、红花野芝麻、路边梢、化骨丹、蜂子草、山卷莲等，每一种别名听着都比三花莸这个正式名有意思。

有点遗憾的是，哪怕是阿拉伯婆婆纳这种进入中国时间并不长的蓝色小花，也会在网页搜索中出现一大片链接，其中有各种各样的照片、传说和描述。

而始载于宋代《开宝本草》（公元973~974年）的三花莸，一千多年到如今，能查到的介绍也只是寥寥数语。

它生长在宜昌山坡上，在河北、山西、陕西、甘肃、江西、湖北、四川、云南，海拔550~2600米的山坡、平地或水沟河边也可以发现它。

也许一开始，它作为药材用了一千多年，古代的人们喜爱的是艳丽与芳香，这种生长在山坡上的花，花色淡雅又没香气，除了药师会关注，不会有其他人会留意，就这样，它安静地在药典中度过了千年时光。

作为一种药材，它究竟有什么过人之处？

在《中国植物志》中有讲到它：全草药用，有解表散寒，宣肺之效。治外感头痛、咳嗽、外障目翳、烫伤等症。

在一些药典中记载：味辛、微苦，性平，具有疏风解表、宣肺止咳、活血调经等功效。为民间常用草药，主治感冒、咳嗽、百日咳、外障目翳、产后腹痛、水火烫伤，有较好的药用价值。

意外的是，三花莸是阳性植物，喜光喜干燥，极耐旱，耐低温，耐瘠薄，适应性强，有很高的生态效益及绿化价值，如果用来开发利用，在园林绿化中颇有发展前景。

若有朝一日，它变成城市绿化的风景线时，我还挺期待大家对它的赞美的。

一丛草上有蛇行，所经之处开花结果

——蛇莓

被子植物门 Angiospermae	蔷薇科 Rosaceae
蛇莓属 Duchesnea	蛇莓 Duchesnea indica

　　春天还剩下最后几天的时光，这时候如果我们随意出外走走，就会在乡下、公园、野外看到开着小黄花的草丛，小黄花旁边还长着红艳艳的果子，看上去很好吃的样子。

　　这个就是大名鼎鼎的蛇莓了。

　　小时候，各路长辈们都在告诫我们，这个果子可别吃哈，蛇最喜欢在上面爬

　　了，还会吐口水呢，有毒的。

　　还有个说法是，这种果子是蛇吃的，人不能吃，再说，鲜艳的蘑菇都有毒，鲜艳的果子也不例外，谨慎点总是好的。

　　那些"不能吃"的种种说法，总结起来就是蛇莓不好吃，有毒，和蛇有关系。

　　在鄂西北的乡下，当地人说这叫蛇果，上面经常出现白色沫状物，称其为蛇经过吐出的唾沫，大人会告诉小孩子，蛇吃的东西人不能吃，这种说法一直流传到现在，哪怕知道这个说法的人已经长大了，也会说自己不敢吃。不得不说，小时候被灌输的想法，长大了也会有影响。

　　它的别名因为地区不同而有不同的叫法，什么蛇泡草、龙吐珠、三爪风之类的，挺威风的，也是挺能长的家伙，分布在辽宁以南的各省区，常出现在山坡、河岸、草地、潮湿的地方，从阿富汗东达日本，南达印度、印度尼西亚，目前已经在欧美茁壮生长了。

　　在五月花繁似锦的日子，蛇莓开的花在其中是相当低调，它不是什么惹人注目的家伙，大部分时候我们总会忽略它，一旦艳丽鲜红的果子冒出来，反而将之前的所有低调都扔开了，红艳艳的吸引各路神佛，但最后只留下一句：果子有毒不能吃。

　　然后就没有然后了。

什么？这世上不能吃的植物那么多，凭什么蛇莓就要沦落到打酱油一类的，太不公平了吧！

而且，也不是真的不能吃啊，顶多是不好吃而已。

我在查阅有毒植物的资料时，找到了蛇莓的记录：蛇莓和野草莓（Frageria virginiana）长得很像，野草莓也有和蛇莓一样的三片叶子，果实大小和蛇莓区别不大，这两种果实很容易被误食，这两种植物都在美国地区的草坪中和田地里大量生长，蛇莓还是美国的入侵植物之一，它又被称为假草莓（Mock strawberry）。

FDA网站上对蛇莓的毒性进行了调查，26名食用蛇莓的案例中，这些人都没有任何症状，其中一名儿童显示有荨麻疹，但并不是蛇莓导致的，也没有发现什么过敏反应。

现代医学也发现了蛇莓含有少量的毒素，但还被发现其含有抗癌和抗肿瘤的物质，现在经常被用在治疗各种肿

瘤性疾病、肝炎、白细胞减少症等的临床治疗上，具有很高的药用价值，而它的有毒成分则可以忽略不计。

对此，我们充满好奇心，去尝试一下也很好啊！

不过要注意，摘取完好的果实要洗干净了食用，免得表面上附有脏东西，别贪多，贪多毒素会积累，会导致头晕呕吐和腹泻的，再说了这个家伙口感较差，平淡无味，试过之后应该都不想吃第二次吧。

如果你是个户外爱好者，在野外受了伤，碰到蛇莓可以利用一下，它全草药用，能散瘀消肿、收敛止血，将茎叶捣烂，可敷蛇咬伤、烫伤、烧伤等。

其他的古书如《救荒本草》中，也有蛇莓的记载，书中称其为"鸡冠果"，食其果能救饥，野外生存或者户外探险可以拿来少量食用应急。

蛇爬行的地方开花结果，是不是真的有蛇爬过谁也不知道，但蛇莓的存在是值得欣赏的。

第三章

夏天的植物

很活泼

初夏的小仙女出来跳舞了

——虎耳草

被子植物门 Angiospermae	虎耳草科 Saxifragaceae
虎耳草属 Saxifraga	虎耳草 Saxifraga stolonifera

　　我以前流浪的时候，路过神农架，在公路上慢慢走，拍路边不知名的野花野草，摘长得饱满美味的多浆野果吃（不了解植物者不可模仿），正当七月，在淌着水的坡上看到了一丛很奇异的花。它的花太可爱了，小仙女似的，风一吹像是在跳舞。

　　回到家后我还一直想着，这到底是什么花呢？叫什么名字呢？它的花朵不是对

称的五个花瓣，它也不像别的花那样圆圆的，反正就这样记在了心里。

通过一个朋友进入植物群，我将照片发出来让大家鉴定，于是我就知道了它叫作虎耳草。

它原产地在中国和日本，夏季开花，有着迷人的白色花朵，独特的尖形花瓣，还有明亮的黄色子房，因为花朵美丽成为一种颇受欢迎的园林花卉，用来装饰盆景和潮湿的岩石。

在一些小区，我发现有些人家很喜欢种植虎耳草，开花时仿佛看到有小仙女在身边跳舞，仔细地观察它的花叶，奇妙得很。

说说它那极具个性的花朵吧，五片白色的花瓣，上边三片短，有紫红色的斑点，基部的色块是黄色，下边两片长，洁白无瑕，雄蕊像棒棒糖一样，圈在雌蕊的周围，怎么看怎么舒服。

它的花算是常见花了，本身也是一种常用的观赏植物，身为虎耳草科的"科长"，在查阅其科下其他属的图鉴时，我发现，它们大部分都拥有圆形对称的花

瓣，同一属里面花瓣之间差异悬殊的也没几个，这就意味着这家伙的长相在家族里是相当的不平庸。

虎耳草的叶子圆圆的，有些像小荷叶，故而有别号叫石荷叶，叶片白色的脉络相当显眼，所以又有别号叫金丝荷叶，还有叫耳朵草的，因为它叶子和老虎圆圆耳朵倍儿像，不信你找老虎的图片比一比就知道了。不过长大了的叶子，丑丑的不能看。

说完中文名字，看看英文名咋取的，它被叫成了"Aaron's beard"（亚伦的胡子）"Mother of thousands"（成千上万的母亲）"Roving sailor"（流浪的水手），这叫成"流浪的水手"我能理解，人家喜欢潮湿、有水的地方，其他两个就有点难理解了。

再说了，我观察虎耳草花谢结果的样子，它的种子也不算很多，对此我一头雾水，怎么也找不到让人取"胡子"和"母亲"这些名字的原因，只当长长知识好了。

虎耳草在日本，是可以食用的哦！在日本的料理中，偶尔会用新鲜的、煮成半熟或者油炸的虎耳草叶子，用在沙拉上面，据说在盐腌时味道鲜美，说的我都想尝试一下了。

与日本不同，咱们老祖宗更热衷于用虎耳草当药材，现在科学研究也发现，虎

耳草含有槲皮素，证实具有抗肿瘤的活性，能抗菌消炎；叶子里面有促进细胞生长的物质，可以促进脓液的排出；汤剂能治疗毒蛇咬伤和中耳炎，叶汁适用于耳痛、脓肿和炎症。

虽说不知道它是什么时候开始被当成药材用的，但很多中草药书籍都有它的大名：《履巉岩本草》《本草纲目》《生草药性备要》《植物名实图考》《分类草药性》《现代实用中药》《江西民间草药》《广州部队常用中草药手册》《浙江民间常用草药》《四川中药志》《南京地区常用中草药》《上海常用中草药》《南京地区常用中草药》等都有记载。

看来这虎耳草还真是个宝贝。

说来说去，怎么看在家种一株虎耳草都是很棒的事情，那就行动起来收集种子，在家里种一堆小仙女跳舞给你看吧！

灿烂的代名词，恰似阳光的分身

——金丝桃

被子植物门 Angiospermae	藤黄科 Guttiferae
金丝桃属 Hypericum	金丝桃 Hypericum monogynum

初夏的宜昌，开启了闷热模式，如果这时候正在写东西，肯定会受到影响。

那句话怎么说来的，有一种淡淡的忧伤，叫想写东西却什么都写不出来。

翻一翻金丝桃的照片，看着它那明亮如同太阳一般的颜色，那富贵范儿的模样，我想我定能好好写出来的。

这次的主角是金丝桃，仅听名字就能联想到：有金色丝线的桃花，然而这家伙和桃花没多少关系，桃花是蔷薇科的，它则是藤黄科，唯一相同的地方就是都有五个花瓣。

第一次见到金丝桃是在2013年，它是一种很棒的绿化观赏植物，初夏开花在马路边，金光闪闪的，一条街都像洒了光斑一样温暖。不过，夏天说"温暖"这个词，貌似有点怪怪的。

它的花朵充满了富贵的气息，在绿色的灌木丛中，半个手掌大小的花朵很吸引人，五片金黄色的大花瓣组合起来，围绕中间的那一团丝线丛，这些都是金丝桃的雄蕊，那团丝线一根根的极其细致又整齐，丝线的顶端是花药；中间那一根较粗的就是雌蕊，下面膨大的部分就是花的子房。

老实说，金丝桃这种样子，最适合用于刺绣、雕刻和花纹式样了，特有金碧辉煌的感觉。

它的别名也很富贵，什么金线蝴蝶、金丝海棠、金丝莲等，听上去就有种"这是居家吉祥物，拿来送礼有内涵"的感觉。

但是，此花还有别名：狗胡花，这也蛮有意思的。

再一次见到金丝桃是在文佛山，时隔两年，它还是明亮得让人一眼就能发现，那时候它长在山崖上，我在下面仰望它，满心欢喜，在地上捡捡花瓣，真好看。

再后来去爬另一座山，山路边长了不少金丝桃，不知道是人为种植还是野生的，只是看到它被

人摘后又扔在路边，内心是特别生气又悲哀的。

　　我想我应该告诉大家，花朵是植物的生殖器官，它们有着繁衍后代的重要任务，让花朵留在它们的枝条上，可以结果，可以让种子去更多的地方生长，那我们就能够享受到更多的美好了。而摘花这种行为，只会让种子越来越少，花也会越采越少，今年有十朵，明年后年说不定只能看到八朵，再后来剩下五朵，若是没有意识去珍惜那些花，大家能看到的美好只会越来越少。

　　人类的感觉，植物没法感受，不管有没有被人摘，那些金丝桃一直在朝上看，它们那么积极，毫不畏惧我们带来的伤害，仿佛所有的负面情绪都会因为它的生机勃勃而消散，这就是植物值得喜欢的原因。

　　虽不能行走，不能像动物那样遇到危险会躲开，被动地承受着风吹雨打、啃食踩踏以及采摘糟蹋，可它们依然生生不息，让整个世界拥有无与伦比的美妙。

　　金丝桃属是一个拥有490多种植物的大属，鉴定它们是个麻烦事，它们被称为圣约翰草（St. John's wort），有些人会将它放在神龛上面，以驱赶邪灵，它们凌驾于荒原之上，是上帝的图画。

　　据说，有的蚂蚁会用金丝桃明亮的黄色花瓣装饰它们的巢穴，就连小虫子也有着向往美好的心吗？真是有趣。

　　在中国，金丝桃一般都喜欢长在南方地区，在湿润的溪边和半阴的山坡可以看到它们，它们喜欢温暖又湿润的气候，现在很多地方喜欢拿它们来当观赏植物用，传播很广，在日本也有栽培。

　　不过要小心一点，金丝桃有毒性，不可以食用，乡下一些牛羊在外面放养，很容易吃到的，得留心一点哦！

金银双花暗香浮动，爬满一夏不负风光

——忍冬（金银花）

被子植物门 Angiospermae	忍冬科 Caprifoliaceae
忍冬属 Lonicera	忍冬 Lonicera japonica

对于金银花，我们再熟悉不过了，金银花露甘甜可口，金银花茶馨香恬淡，金银花香沁人心脾，金银花开淡雅美丽。

不管是老街巷子里，还是家里种植，亦或山野寻芳，只要有金银花，春天出花苞，初夏有暗香浮过，一条街都可以有嗅觉享受，老人家时不时地揪几朵花，泡泡茶，坐在门口的藤椅上扇着扇子，安逸的时光就这样过去了。

人们应该听习惯了金银花的叫法，我则更喜欢叫它的中文正式名——忍冬。

它不仅可以药用和泡茶，而且特别好养活，它的叶子四季常绿，不挑剔生长的地方，能适应很多地方，也是一个能走四方遍地开花的主，我想"忍冬"其名，还包括了它韧性强，不畏寒冬烈日之意吧！

忍冬的花苞呈长条形，像个绿色的小棍了，刚开的花是白色的，过了两三天就变成了黄色，仔细看看，它的两朵花都是成对冒出来的，结果也如此，形影不离雌雄双伴，因此它的别名又叫作：金银藤、二色花藤、二宝

藤、鸳鸯藤。

忍冬的花按照术语称为唇形花，呈筒状，我们将一只手的四指并拢，大拇指向下垂直伸出，就是金银花开花的样子，从中间伸出来的就是它细长的花蕊，整朵花会散发出令人愉悦的芳香味道，从古至今都深受人们的喜爱。

等到夏天过去，初秋来临，它开始冒果实了，憨态可掬，成双成对地悬挂在茎条上，从深绿色到黑色，最后释放出里面的种子，到了冬天便只剩下常绿的叶子了。

植物的生物钟比人类的生物钟神奇准确，在什么时间该做什么事，执行力又强，光是这些品质就值得人们学习。

在《中国植物志》中，对忍冬的描述有很多：它是一种历史悠久的常用中药，始载于《名医别录》，列为上品药材。"金银花"出自于李时珍的《本草纲目》，朗朗上口，又好记又吉利，大家都爱用，只有少数专业人士用忍冬写文献。虽然很多植物的别名会闹出各种各样的乌龙和误导，但只要提起金银花，它们指的就是忍冬，而不是其他的花。

然而，在我们这里备受喜爱的忍冬，在国外却是个讨厌的家伙。

为什么啊？又能泡茶，又能当药，又能做花露清热去火，又能欣赏花朵、享受夏日的香气，有什么理由值得讨厌呢？

哈哈，讨厌的理由嘛——就是它太能长了。

　　忍冬现在已经归化到美洲和大洋洲的几个国家的大部分地区，在美国的几个州，它被当成有毒的杂草，还被禁止使用，新西兰甚至将其列入了《新西兰国家有害植物协议》里面，实在是不可思议。

　　它在国外，具有强烈的侵略性，通过果实种子迅速传播，让当地的灌木和树木窒息，妨碍其他植物的生长，哪怕有人种在庭院里，也管理不了它那蓬勃生机和想要扩张的势头。为了治理它阻止它，当地人是十八般武艺都用上了，用农药、焚烧、切割根部、当动物饲料等方式，可算控制住了。

　　忍冬是原产于亚洲的植物，这里是家乡，它在家乡呈现出温柔有爱的一面，被我们视为吉祥之物，或许这也是我们该学的地方，在家温柔付出，在外如同战士。

　　看完这一篇，也别忘了在炎炎夏日喝一杯金银花露，品味一下它的温柔与甜蜜哦！

观察那一团花球，像是进入了一个奇妙的世界

——绣球花

被子植物门 Angiospermae	虎耳草科 Saxifragaceae
绣球属 Hydrangea	绣球 Hydrangea macrophylla

家楼下的花坛种了绣球花，有粉的、青的、紫红的，过了几天之后我发现青的变红了，红的变粉了，再过几天，就变成纯纯的紫红色。

这就奇怪了，虽然我知道有些花早上开，中午谢；有些花一天会变三种颜色；可我也是第一次亲自遇到隔几天变一个颜色的花，这花还鼎鼎大名曰"绣球"。

那么，我就去找了找资料，这不找还好，一找也是吓了一跳。

原来世界上有一个"世界绣球花大会"，每三年举办一届，是国际性的专业盛会，这个盛会的目标就是绣球花。

绣球花从1736年引进英国，随后在欧洲逐渐推广，荷兰、德国、法国普遍进行栽培，在园林绿化的领域中，培育的种类至少有500多种。

我的天啊，欧洲这一块，就培育了这么多，吓到我了耶！

可惜的是，它的原产地在东亚，没错就是咱们这里，可是中国在绣球花的品种培育上真是少得可怜，但也不得不承认，我们国家大部分人对这件事并不热衷和重视。

伤心事先不说，来看看我是如何观察它从花蕾到开花那个过程吧！

在四月下旬，我在花坛里看到这样的一株植物，我发现它株型笔挺，绿意喜人，恰是好看，顶端有一堆不明物体，自以为发现未见过的新植物，咔嚓咔嚓拍了下来，想着以后查资料看看是个啥。

大概过了一两周，我再去观察了一下，它开花了？

这花好眼熟啊，像在哪里见过，可是又

不知道叫啥名字，不过它开花的样子很萌，四片花瓣，尖端有胭脂一样的粉色，恰是好看，于是又拿着相机咔嚓咔嚓，回头一定查查这到底是个啥。

接下来又是过了一周左右的时间，并且在这期间，我发现，不管是楼下绿化带还是植物园，这家伙如雨后春笋一般冒得很嗨，尤其在植物园里面，环境广阔，它开成一片花海的样子，特别灿烂。

直到看到它完全开放，我才知道那种熟悉感来自何方，原来它是绣球花，有的地方会叫它八仙花，开起来是一团团的，颜色花样也复杂。

这种一团团的花，是一个花序，外围那种大片似花瓣的叫作萼片，中间是无性花，它们密集在一起长成球状，故而取名绣球。

有意思的是，萼片的颜色和施肥之间有着紧密联系，土壤酸碱值的变动和土壤中铝元素的吸收，会让绣球花变化成各种各样的颜色。所以在日本，它被称为"多面的妖姬"。

这让我了解到，原来植物的颜色也是值得琢磨研究的知识，植物真是太美好了。

种植绣球花，有种说法是酸红碱蓝。

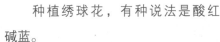

对绣球而言，花球的颜色经常受土壤成分的影响，调节它颜色最好的办法就是适当的施肥，控制绣球花的颜色，要去调节基质内的铝含量，萼片中的铝会和花青素以及其他色素结合，颜色就会从粉色变成蓝色，增加铝，花就是蓝色；减少铝，花就是粉红色。

这让我感到，会种那些简单易活

的花只是小事一桩，但种植有难度的花，肯定是用心又爱学的人，他们了解很多知识，并付出行动才会让花长得茁壮美好，令生活更有色彩。

如果不用心，用错误的方法去管理绣球花，花的颜色会显得杂乱暗淡，还难看萎靡，就好比一个人，不用心管理自己就没有活力，一旦用心便会焕发出健康精神的模样。

在日本，绣球都被称为"紫阳花"，它还是日本初夏梅雨季节的风物诗（指有季节特征的代表物），盛开的季节是5月到7月，那时候的日本完全是紫阳花的世界，不管是公园还是庭院，普通人家的院子、花店里的切花、插画广告等都会出现它的身影，最有名的紫阳花观赏地就属镰仓了，每年的花季旅游季期间游客超级多呢，有机会真想去看看。

在某个阳光满满的一瞬间，稍微低下头

——吊兰

被子植物门 Angiospermae	百合科 Liliaceae
吊兰属 Chlorophytum	吊兰 Chlorophytum comosum

　　一天清晨，我准备去菜市场买点菜，享受没有阳光的凉爽时刻，路过花坛的时候就看到吊兰露出了白色的花苞。它还没开花，当我买完菜，散完步回来的时候，日头已经很大了，而花坛上的花苞变成了一朵朵洁白的小花。

　　我收获到一种不可预见的惊喜，我以为它会在明天或者后天才会开放，却发现只需要一个时辰它就会开花。

说起吊兰呢，它是一种流传很广的盆栽植物，无论是放在室内观赏，还是室外美化都不错，细长的叶子散开，掩盖住下面的泥土，一条花枝上开出白色的花朵，留下一片清新。

吊兰的花不大，洁白无瑕的花瓣尖端有绿色点缀，白色花丝和黄色花药包裹着绿色花柱，当它花谢的时候，中间的子房会膨大，最后形成三棱状扁球形的果实。

它的别名有很多，而且奇怪的很，什么蜘蛛草啊、飞机草、丝带草，还有叫母鸡和小鸡的。可是这又是什么鬼名字呀！

最喜欢的还是圣伯纳德的百合（St. Bernard's lily），此名像它开花一样圣洁美丽。

它是很好养的盆栽绿植，在透气的土里栽上后不用刻意去管理就可以成活，如果你能用心对待会更好，它耐热耐旱，但不好过冬，浇水也不可以太频繁，多让它晒晒太阳，它开起花来纯白可爱得让人心生愉悦。

吊兰原产于炎热的非洲，在那里广泛生长，看上

去就不是怕热的家伙，它还能承受2℃左右的低温天气，也是相当厉害了。

　　但凡植物都有适宜其生长的湿度、温度、土壤和地形条件，其中一条有差异，便会影响植株的发育，能够在多种条件下不受影响，还能开花结果，都是植物在历史长河里演化出来的强力生存技能。

　　在市场上有三种常见的吊兰品种：叶子纯绿的是吊兰，叶子带着白色边缘的是金边吊兰（C. comosum Variegatum），叶子中间有白条纹的是金心吊兰（C. comosum Vittatum），后两个品种在2017年获得了英国皇家园艺学会的优异花园植物奖。

　　我们知道，拥有一个新家是很美妙的事情，但装修好之后需要等很久很久才能住进去，因为家具啊、地板都会释放甲醛和其他有害的物质，影响我们的身体健康。

> 小知识：
> 在园林植物中，一般叶子边缘带着金色的边，植物名前缀就是"金边"。

网络上有很多关于植物能吸收甲醛的信息，在这些植物里，吊兰也是能排上号的吸甲醛小能手，而且价格也便宜，好打理，样子也美观，简直居家必备也。

不过要注意，虽说植物有从空气中去除苯、甲醛和三氯乙烯等有毒物质的天然作用，有助于中和建筑综合征的影响，但有权威研究发现，多种植物对空气里有害物质的影响，结果也是好坏参半的。吊兰能去除甲醛，但在清除空气中有害物质的植物清单中，与其他植物对比，它的排名并不高，我们千万不要被网络和促销说法误导，想要去除甲醛和有害物质，最安全稳妥的做法是选择符合国家安全标准的乳胶漆，以及让房子多通风。

就算吊兰去除甲醛的效果很低，也不妨碍它被人喜爱，放在室内能持续吸收有害物质，它的茎叶也会净化土壤中的有害物质，依然是集美观和实用为一体的厉害角色，关键还便宜好养哦！

山沟沟里成片的"小鸟"，爬满了树与坡

——常春油麻藤

被子植物门 Angiospermae	豆科 Fabaceae
黧豆属 Mucuna	常春油麻藤 Mucuna sempervirens

　　以前一直认为，能去很多地方的自己相当了不起，当我不再流浪回到宜昌后，面对着宜昌地图，忽然觉得很陌生。我不曾知道宜昌的一些山川路线，不曾知道怎么去往宜昌那些美丽又隐蔽的地方，也曾不知道在深山密林中有多少没有见过的植物和动物。

　　我才发现，自己并没有那么了不起，我的所谓了不起只是一种自大胡闹，是年

轻气盛的无所畏惧。

第一次去文佛山，我就邂逅了常春油麻藤。

当时是五月份，太阳特别大，路边的山坡下像是盖上了绿色的被子，郁郁葱葱，我在山中公路边走了很久，在一棵棵树上找到了成群结队开花的常春油麻藤。

路上还有一起游玩的人，他们的素质令人堪忧，一串串油麻藤被他们采摘下来，看着特让人心烦。我想着不常见的植物本来就少了，摘了以后会越来越少，还让不让以后的人欣赏了。

虽然当时不知道油麻藤其名，更不知是否有毒，便跑上前和一位采花人说道：这位朋友，不要乱摘路边的花，这花看上去就像有毒的样子，你要小心点儿。

那人听着，觉得我认真又严肃的样子很可信，便把这一大串花扔到一边了。

毕竟人对自己不了解的事物会带着点好奇又害怕的样子，更何况都说了有毒，出事可不好了。

然而阻止一个人不摘花不管用，越往山里走，就看到更多的油麻藤散落在地，早有不少人采摘后又将其扔弃了，实在是过分了。

后来再去文佛山，常春油麻藤的数量远远没有我第一次看到的那么多了。

常春油麻藤是豆科黧豆属的植物，虽说是豆科，然而花和我见过的其他豆科植物有着显著区别，每朵花都像鸡蛋一般大，在地上捡起常春油麻藤的花，颜色是紫红色或深紫色，喜欢成片生长在老枝上，像是密密麻麻停留着许多小鸟儿，故而有俗名"禾雀花"。

宜昌地区有一种叫法是"牛马藤"，有人还戏称它"有妈疼"，笑死人了。

在它还是花蕾的时候，整朵花会被低沉的暗黄色包裹，外面披硬毛，就算它的花实际上没有毒，但是这些硬毛如若不小心碰到了，就会出现痛感和发红发痒。若是看到有别人要采花，可以用这个理由阻止他们哦！

这个植物可以长得很高大，它是一种攀援性植物，适应环境的能力很强，对生长条件的要求也不高，它还长得特别快，一年四季常绿，所以叫"常春"，与它的生物特征还挺配的。

花谢了以后它就开始结果，也会长很大的豆荚，这是有大毒的，看到了也一样不能采摘和食用。

由于能长且适应力很强，很多地方都可以看到它的影子，我还以为它很稀有，想来还是自己观察不够认真。

关于油麻藤，它还有一个争议之处，有人说它是一种园林价值很高的垂直绿化植物，具有良好的观赏性，又能防止环境污染，对有害气体有较强的吸附能力和净化能力。也有人说常春油麻藤的生长速度与蔓生的特性，是植物界的杀手，会在极短的时间里抢占有利环境，附生缠绕在其他植物上，上遮挡住阳光，下吸收土地养分，让其他植物失去土地养分和阳光照射，逐渐死亡。

看来选择一个植物当作园林绿化植物，为人类社会所用也没那么简单，需要综合考虑各方面因素，真复杂啊！

通过认识常春油麻藤，我发现自己要学得有很多，要了解得也有很多，既然如此那就谦虚一点，永远觉得自己什么都不懂、什么都需要去学习。

春夏此花处处开

——野老鹳草

被子植物门 Angiospermae	牻（máng）牛儿苗科 Geraniaceae
老鹳草属 Geranium	野老鹳草 Geranium carolinianum

　　春意盎然时，我们走入远离城市的乡野，在种着蔬菜的田埂上或杂草堆里，会发现一种淡粉色的小花，它有五个花瓣，花蕊呈黄色，花瓣上还有深色的细长条纹，若非此花如同指甲盖一般小，不然早就惹很多人驻足欣赏了。

　　这种清新可爱的家伙，叫作野老鹳草，我想为植物命名一定是相当头疼的事情，老鹳草属里面已经有叫作"老鹳草"的植物了，另一朵相似又不同的种类叫啥

好呢？哎呀算了，加个"野"字得了，就叫野老鹳草呗，想想也是哭笑不得。

抛开小小的花朵，它的叶子反而比花更抢眼一些，在初夏之时，叶子会慢慢地变化，从嫩绿到浓绿，从浓绿转橙黄，最后变成亮眼的红，因此它有一个别名为"小红草"。

美洲大地是野老鹳草的家乡，许是这货并不满足称霸原生地，不知道有何因缘踏入了中国的土地，先是在华东地区发现有零零落落的身影，不出几年就蔓延开来，如今是野外、城区绿地、公园草坪甚至垃圾堆边都可以找到它。

这一切都是静悄悄完成的，它怎么就这么能长呢，究其原因有三：一来生存竞争能力强，二来适应性和生活力拔尖，三来抗药性和耐药性强，已经成为很难清理的入侵杂草物种了。

从《中国植物志》中记载来看，它在山东、安徽、江苏、浙江、江西、湖南、湖北、四川和云南等地的平原和丘陵中逸生，并且在有些资料中，这十年来因为野老鹳草的繁殖与生存能力，已严重影响到农田中的作物，还会降低麦子的产量与品质。

农民伯伯才不管你漂不漂亮，厉不厉害呢！农民伯伯就是痛恨你。

我在草坪中找到野老鹳草观察，发现这家伙在任何土壤里，只要留下了种子，就会在合适的时机生根发芽，长大以后继续扩散，还会偷偷地潜伏在麦子的种子里，这种顽强的存活能力，虽不是它的专利，但我依然会为这种力量惊讶和叹服。

我们看看它的种子，像名字一样，尖尖的喙像鹳鸟的长嘴巴，小粉花谢了之后就会冒出塔尖一样的种子库，呈嫩绿色，过一段时间后，它的颜色会变成由橙到红的渐变色，这时候还是能看的，颜值不好不坏。

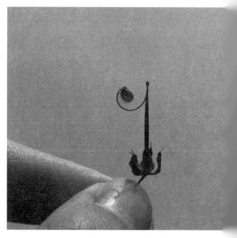

　　然而再过一段时间就没法看了，因为它红着红着的就黑了，这变化也实在太大了。

　　不过将长喙连着种子们揪起来，又像是遇到了难得的艺术品。

　　最有意思的是它的传播机制了，长喙连接着五颗种子外壳，如同投石器那样带着弹力，时机一到就会反卷向上，把被包裹在里面的种子"嘣——"的一下被投向未知的远方，如此，繁衍生息的任务就完成了。

　　虽说闹草害，它却也不是一无是处。关于野老鹳草里面的化学成分研究，也为医药界化学界带来新的资料，它的花蜜也是一些昆虫的食物呢。

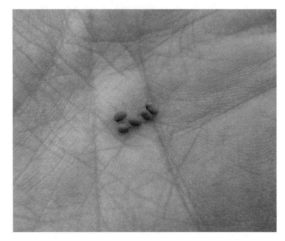

夏季之明珠

——紫薇

被子植物门 Angiospermae	千屈菜科 Lythraceae
紫薇属 Lagerstroemia	紫薇 Lagerstroemia indica

说到"紫薇"，很多人想到的是当年流行全国的电视剧《还珠格格》，里面女主角之一就叫夏紫薇，琼瑶阿姨给了她一个温婉秀气、富有才气的人设。

在植物界里面，也有一个婉约多姿、夏季丰茂的大美人，它是夏季里不可或缺的风景之一，是植物界的夏紫薇。

其实最初见到它，我认为它没有那么讨喜，看她开花也很难感受到惊艳的气

■ 紫薇花的树干与树皮

■ 细长的枝条上长着互生叶

息，甚至觉得它不好看，样子怪异，于是就没怎么去关注过，任它开了一年又一年。

如今对植物的兴趣日益增长，了解到一草一木皆有不同的历史与区别，就开始学着无差别看待各种植物，起眼的不起眼的，常见的不常见的，低调的高调的，存在既合理。

在小区楼下的花坛边，一棵树，三月份时干巴巴的，没有绿叶红花，四月份时枝桠上出现青翠点染，五月份时像是打通任督二脉叶子疯长，六月份则粉色花朵相继开放，一直到七月，整棵树披上了红花绿叶的外衣。

过了夏至，大暑来临，紫薇依然是不可或缺的亮丽景色。整棵树都很有特色，树干扭来扭去，树皮像是被剥落过，平滑光洁，小枝笔直得伸长出去，两边各长一片椭圆形叶子，怎么看都简单干净。

紫薇的花朵是优美曼妙的，有时候都看不出来这是一朵花，它是需要细心观察的，不然你会以为树上挂着很多紫红色的破布条。离得近一点儿看，它拥有六片波浪形的花瓣，这些花瓣基部呈细长状围绕着花蕊，中间的雄蕊每一根顶端带着金色的花药，另外还有六根更长的雄蕊伸出来包围它们，像是守护者一样，大自然的造化能力实在是厉害，它们总能创造出我们意想不到的事物。

和《还珠格格》里的女主角紫薇一样，它强韧、优雅，耐寒耐旱不说，一点儿也不娇气，对生长的环境要求并没有那么严格，很有生命力，它给人带来一树的赏心悦目，在世界各地都有园林庭院栽培。整个夏季到秋季末，我们都能看到她开放，故而别称"百日红"。

当她的花逐渐败谢，你会看到整棵树上长满了一颗颗油光瓦亮的果实，果实的外皮包裹着里面的种子，像不像一棵真明珠被掩藏，等待人采撷、播种、养护——最后变成一株"美好的女子"呢？

你们知道吗？它的寿命很长哦，有的地方有600年树龄的紫薇古树，除此之外还有地方有400年、200年的紫薇树，最神奇的是我查到有1000多年的紫薇树，有生之年真想在花开的时节里去看一眼，那一定会是一场视觉盛宴。

据《唐书·百官志》记载：唐朝开元元年(公元713年)，改中书省为紫薇省，中书令(右丞相)为紫薇令。

紫薇在唐代以来，出现得很频繁，它在诗人的笔下是中书令和中书侍郎官职的代名词，亦是皇家园林植物，遍栽皇宫官邸之中，是权利与富贵的象征，其"长寿"和具有祥瑞的紫色，在道教里，信徒认为紫薇花为天上紫微星下凡，故紫薇被

■ 白色为"银薇"，是紫薇属下的一个种。

道教尊为圣树。

诗人白居易时任中书郎时，有首写紫薇的诗：

　　　　丝纶阁下文章静，钟鼓楼中刻漏长。

　　　　独坐黄昏谁是伴，紫薇花对紫薇郎！

除了记载，历史上，它的作用也不可小觑，长成大树的紫薇木材坚硬、耐腐蚀，可当家具与建筑用材；树皮叶子与花可作药用，根与种子也能治咯血、吐血、便血的毛病，在李时珍的《本草纲目》中：其皮、木、花有活血通经、止痛、消肿和解毒作用。

种子可制农药，有驱杀害虫的功效。其中大花紫薇在菲律宾还是一种民族草药，因为大花紫薇可以用于糖尿病人的临床治疗。

以上的药用作用看看便好，任何植物的治病成分都是需要进行研究和临床测试才能运用的。

紫薇在生态上也有个很棒的作用，它是抗污小能手，能吸入有害气体，吸滞粉尘，对降尘也有一定的作用，说其"文能令人养眼作诗，武能发动治污吸尘"，此言不虚。

那么就用美好的诗词来做结尾吧：

紫薇花

唐代·杜牧

晓迎秋露一枝新，不占园中最上春。

桃李无言又何在，向风偏笑艳阳人。

咏紫薇

宋代·杨万里

似痴如醉弱还佳，露压风欺分外斜。

谁道花无百日红，紫薇长放半年花。

紫薇花

宋代·王十朋

盛夏绿遮眼，兹花红满堂。

自渐终日对，不是紫薇郎。

紫薇

明代·薛蕙

紫薇开最久，烂漫十旬期。

夏日逾秋序，新花续故枝。

楚云轻掩冉，蜀锦碎参差。

卧对山窗外，犹堪比凤池。

随处可见的这株安宁美丽的邻居

——紫茉莉

被子植物门 Angiospermae	紫茉莉科 Nyctaginaceae
紫茉莉属 Mirabilis	紫茉莉 Mirabilis jalapa

　　在我小的时候，经常在乡下住，一个人待着，不可避免地无聊又寂寞。

　　好在乡下的环境与空气好，天空的繁星与茂盛的野花草，猫、狗、虫、鸟、鸡、鸭、鹅都是可以拿来挑逗玩儿的。

　　在我的记忆里面，有一种淡淡馨香的小花，它可以拿来当耳环，也可以拿来沐浴，还可以拿来碾成汁涂指甲，平日里最爱生长在村舍附近，连城里的老房子旁边也会生出一大丛，花色繁多，紫红色的、黄色的、白色的……常见的是紫红色。

在《中国植物志》上，记载它原产于热带美洲，全属约有50多种，在中国只有一种，本来是想拿来当成观赏花卉的，谁知它不甘心被观赏，于是四处生长，最爱的是人间烟火气——因此在上海地区被称为"夜饭花"。

在夏天，这花刚好在下午或者傍晚时分开放，带着满鼻馨香，采集一朵朵紫茉莉在篮子里，高高兴兴的烧一锅水，再把花洒在洗澡盆里，热水让香味更加浓厚，如同电视剧里的场景一般，据老人们说，用这个洗澡对皮肤好，因而又被叫成"洗澡花"。

女生爱俏，把整朵花带总苞摘下来，扯住总苞和花梗轻轻一拉，因为有长长的

花丝连接，将总苞刚好可以放在耳朵里，成为小姑娘们扮美的饰品。

那会儿从来没问过它叫什么名字，它在下午默默地开，留下艳丽的景色，一夜之后又默默地闭合上了。

直到接触植物世界，了解更多的植物知识后，才知道它的学名叫作紫茉莉，它和茉莉没什么关系，外号却有很多：煮饭花、胭脂花、宫粉花、地雷花等。

此花闭合的时候，长花筒上的花冠会皱巴巴地蜷缩在枝头，开放后像波浪状花盘，这种花瓣合在一起叫作合瓣花冠，中间会冒出细细的花丝，上面点着花药。

多种的颜色让它呈现出不同的精彩，它不仅仅只有纯色，还有混合色、洒金色，时而颜色分为一半一半，时而花瓣上有着斑点，它是风媒植物，若是紫红色的花粉吹到了黄色的花那儿，那你就会看到一株紫茉莉花丛中，会有黄色、紫红色以及黄花红斑或者红花黄斑等混合色的花。

花开花谢终会结果，黑色的果实会出现在总苞里面，它是整朵花孕育的宝贝，也被当作宝贝一样包在里面，拿出来看看像极了小地雷，因为这个，它还被叫成"地雷花"。

在明代的《草花谱》里，可以看到有关它的记载："此花不但可作胭脂，也可作妆粉，真乃女儿花也。故又异名为：粉豆花、粉孩儿、胭脂水粉、粉团花、水粉子花。"

清代《广群芳谱》亦有记载："紫茉莉，草本，春间下子，早开午收，一名胭脂花，可以点唇，子有白粉，可敷面，亦有黄白二色者。"

实际上它原产地在南美洲，由阿兹特克人种植，被称为"秘鲁的奇迹（Marvel of Peru）"和"四时之花（Four o'clock flower）"，常用作于药用与观赏，在16世纪被带往欧洲，自此在世界各地逐渐归化，在中国南方最为常见。

这家伙的繁殖能力和生命力很强，具有影响绿化效果的坏处，植物本身也有化感作用，影响其实没有其他的入侵物种强烈，但它对中等浓度重金属污染的土壤有着生物修复的潜力。

楼下的绿化带本来长了一大丛紫茉莉的，前几天被清理掉了，只剩从土里冒出来的各种断枝，不得不说挺惋惜的，再过几天去看，不可思议的观察到断枝冒出了新芽与新叶，实在是惊叹于植物生命的力量和对生存的渴望。

《中国植物志》中说，紫茉莉的花、叶、根都可以入药，有清热解毒、活血调经和滋补的功效，再加上前文写的"点唇，敷面，作胭脂妆粉"，还是有点小心动的，但看到种子有毒性便作罢啦！

夏日炎炎，榴花枝上笑行人

——石榴

被子植物门 Angiospermae	石榴科 Punicaceae
石榴属 Punica	石榴 Punica granatum

从五月份开始，桃花、樱花、李花、杏花、梨花对我们摆手道别，她们说，等明年还会再来，带走春风，迎接夏季的繁茂。

也差不多在这个时候，公园、庭园、绿化带里，会有艳丽如火的美人儿华丽登场，就像《红楼梦》里爽朗大气的王熙凤，风华绝代。

在我的印象里，石榴仅仅是一种水果，它有着圆滚滚的身材，剥开外面的果皮，能食用的部分晶莹剔透，好看极了，像水晶又像宝石，虽然吃起来还要吐籽，但它很甜啊，抓一把喂嘴里，受到挤压而溢出的果汁占领整个口腔，那种感觉也是妙不可言。

现在还不是石榴上市的季节，城市里常见到的石榴树都开始挂果子了，那样子实在太青涩，看着就没什么口腹之欲。

该如何形容石榴花呢？它一定是个爱笑的家伙，得天独厚的艳红色，不俗也不雅，但就是看着心情会变好，在热烈的夏天里总是一副我美我骄傲的姿态。

当然，石榴花也不仅仅只有红色，也有纯洁的白色和优雅的双色，据说从2000年前引入我国，这么多年已经培育出200余个品种，我是无缘得见这200余种石榴都长什么样子，倒是知道石榴除了有不同的颜色，还有重瓣与单瓣之分，各有特色。

小区中的石榴树比较多，也许是图个吉利，很多老人家都很喜欢栽种。每当路过树下，会看到花儿如姑娘美丽的裙摆，像西班牙的弗拉明戈舞的裙子一样，层层叠叠，摇曳生姿。

在这样的裙子中间，还有一堆黄色的花药吸引前来授粉的虫子，传粉成功后，过不久就撕掉了美丽的裙子留下花药和花房，开始孕育果实。

石榴科石榴属仅有两个

种，一种是我们常见的石榴，另一种相当稀有，叫索科特拉野石榴，它生长于印度洋中与世隔绝的索科特拉岛上，网络上连找一张有关的图片都很难。

汉代张骞出使西域时，引入了当时汉王朝从未见过的种子，其中就有石榴和芫荽等植物，它原产巴尔干半岛至伊朗及其邻近地区，如今很多国家都在栽培种植，而我国的石榴种植产量位居世界第一。

别看现在，家家户户可栽培石榴，买几个石榴吃都不心疼，可在唐朝，石榴可是朝廷贡品，这说明老百姓可没有机会见到或尝到。想到这里就无比庆幸活在现代，丰富的食物水果蔬菜，一年四季都不缺，真心的感谢现代科技带来这些好处。

石榴代表着吉祥如意，果实多籽象征多子多福，据说有些地方有结婚时送新人石榴当贺礼的风俗，寓意多生几个孩子。我们都知道，有一个俗语叫"拜倒石榴裙下"，网传说法源自杨贵妃，然而我是不支持这个说法的，刚刚就说了石榴开花就像一个裙摆，这需要找什么名人来替它代言吗？它本身就像一个俏丽动人的美人，迎着烈日骄傲，让人迷恋。

医药学的领域上，石榴的作用也不可小

觑。果实可食用，它的根、叶、花、果实、果皮、种子、树皮都可以入药。

果实富含丰富的碳水化合物、蛋白质、各种氨基酸和人体必需的微量元素以及各种维生素。

石榴皮里含有的多酚具有较强的增强体内抗氧化酶系统活性，能增强机体抗氧化的能力，对于减少体内氧化损伤，延缓细胞衰老，具有较强的还原能力，自由基清除能力和抗脂质过氧化能力——简而言之：年轻态健康品！

树皮、根皮和果皮均含多量鞣质（约20%~30%），可提制栲胶。

石榴叶有收敛止泻、解毒杀虫之功效，主治泄泻、痘风疮、跌打损伤。

在埃及是传统药材，并且其分离出20余种化合物，石榴叶的醇提部分具有抗氧化、抗肿瘤、抗突变等作用。

以色列有研究发现，石榴含有延缓衰老、预防心脏病及减缓癌变进程的高水平抗氧化剂，有很好的保健作用。

历史长河中有关石榴的文学作品不少，诗句中带着千百年的沧桑与厚重。

石榴颂

南朝·江淹

美木艳树，谁望谁待，缥叶翠萼，红华绛采，

照烈泉石，芬披山海，奇丽不移，霜雪空改。

石榴赋

晋朝·庾鲦

绿叶翠条，纷乎葱青，丹华照烂，晔晔荧荧，

远而望之，繁若擒缋被山阿，

迫而察之，赫若龙烛耀绿波。

题张十一旅舍榴花

唐朝·韩愈

五月榴花照眼明，枝间时见子初成。

可怜此地无车马，颠倒青苔落绛英。

石榴

宋朝·苏轼

风流意不尽，独自送残芳。

色作裙腰染，名随酒盏狂。

生活里的不可或缺

——辣椒

被子植物门 Angiospermae	茄科 Solanaceae
辣椒属 Capsicum	辣椒 Capsicum annuum

　　不知道从哪里看到的，中华民族自带天赋就是——种菜。

　　不管是广阔清净的乡野还是熙熙攘攘的城市，总会看到这种天赋不遗余力的被发挥出来，比如说小区里的各种院子和花坛，欢快的种植着：大蒜、芫荽、小葱、小青菜、茄子、番茄、辣椒……

　　花坛的一角种上了水灵灵绿油油的辣椒，长势良好，甚是喜人，还没开花结果我就开始去观察了。当时还不知道是啥，觉得这一块地齐整的种植着膝盖一般高的植物，让人特别好奇，叶子深绿又呈卵形，摸起来很柔软，枝条也很有韧劲儿。

再过几天，我看到了它们成片地开起花来了。喔，是我喜欢的白色，五片花瓣打开，洁白清爽没有杂色，中间伸出灰紫色的花药，头一次见到这种花，我表示很惊喜，拿起相机咔嚓咔嚓，路过的大妈大爷对我这番行为一脸"这娃干啥子，这有啥子好拍的？"的表情。

直到后来知道这是辣椒，我估计当时兴致勃勃对着辣椒花拍照的样子，简直像个卖艺的猴子，也难怪那些大妈大爷对我的行为露出莫名其妙的表情了。

辣椒此花甚是低调谦虚，总是一副垂着头的样子，不曾见过它朝上开放，颇有表面温良恭俭让、内里热情如火的辛辣感。

五月份以后就是收获期，到时候就可以看到许多青色红色的小灯笼挂在上面了，油亮油亮的，非常可爱，剖开它还能看到里面许多圆扁扁的籽儿。

别看籽儿小，火辣辣的很，碰到保准你手会持续又红又痛上几个小时，种植它

的主人把它采摘回家，经过水洗刀切锅炒就成为一道美味的菜肴。

不管是我自己，或者是每个热爱做饭的人都会喜欢逛菜市场，菜市场不仅热闹，而且烟火气浓厚，能看到人生百态，有老人相伴携手买菜，有妇女挑挑拣拣，有好好先生提着各种口袋，也有单身帅哥美女来凑凑热闹。

人民大众选择辣椒来当作家庭必备的蔬菜是真理中的真理，它是国内外受人们喜爱的蔬菜兼调味料，可以提味，还可以给菜肴增色，要么大红、要么大绿、要么黄艳艳的。

中国有以辣为主导的当地菜系，如川菜、湘菜、黔菜等，辣椒果实的样子因品种不同而各异，有灯笼状的、扁球状、圆锥状、卵圆状等，市场上有尖椒、

圆椒、螺旋椒、小米椒等各种品种售卖。

它本原产于墨西哥到哥伦比亚一带，在大航海时代，欧洲的殖民者漂洋过海来到了美洲，发现了这种植物并带回了欧洲，在欧洲逐渐传播，最后扩散到了亚洲，中国出现这个蔬菜宝物则是在明末，最早记载在高濂的《遵生八笺》里："番椒，丛生花白，子俨秃笔头，味辣色红，甚可观，子种。"如今辣椒在全世界备受喜爱，不仅可以鲜吃，还能加工成各种各样的调味料以及腌菜等，在中国有些地区，红色的辣椒会被串成串儿，挂在门口以图吉祥如意、红红火火呢！

那它为什么会招人喜爱呢？

辣椒里面含有一种叫"辣椒素"的成分，是辣椒特有的活性成分，能对哺乳动物和人类产生刺激性和灼烧感，这是痛觉不是味觉，目的是为了让动物们不去碰它，它是有害的、不能吃的，它更想吸引鸟类食用然后传播种子繁殖下去，因为辣椒素不会对鸟类产生刺激性。

可我们是什么啊，我们是人类啊，我们自诩万物之灵，啥都能吃啥都不怕，

更何况人类身体在受到疼痛的时候会本能的释放一种止痛剂，这种止痛剂叫作内啡肽，不仅止痛还会产生快感，所以吃辣椒让我们痛并快乐着，可以说是一种妙不可言的缘分了。

吃辣椒有什么好处呢？

据查到的资料，说其中富含人体所需的微量元素和矿物质，营养价值很高，富含多种化学物质，维生素C含量比橙子还高很多，是抗氧化佳品哟！

如今辣椒正在被开发，能用上的地方越来越多，比如色素提取、榨油、调味汁、调味粉、食品加工等，连化妆品和制药业也有它的身影，还有一种辣椒水可以作为防卫道具，简直是十八般武艺样样精通啊，能吃又能打，真是厉害！

燥热的时节里，有棵大树好乘凉

——荷花玉兰

被子植物门 Angiospermae	木兰科 Magnoliaceae
木兰属 Magnolia	荷花玉兰 Magnolia grandiflora

　　炎热的夏天，除了大汗淋漓和阳光猛烈，还伴着热乎乎的风，一点凉爽的感觉都没有，在这种阳光下，时间长了还会晕乎乎的，恐有中暑的危险，走着走着头上出现了一片影子，为人们争得片刻的凉爽与清醒。

　　这是一棵树荫繁茂的大树，挺直的树干像骑士一样遮挡名为烈日的恶魔，上面挂着名牌：广玉兰。

它是南方城市中很常见的行道树，和香樟、悬铃木、栾树一样，频繁出现在街边，但与其他三种树木不一样的是，它会绽放纯白硕大如同荷花一样的花朵，带来一街的香味，因此它的中文正式名叫作"荷花玉兰"。

七月中旬，结果的荷花玉兰越来越多，它的树是园林和行道树的宠儿，它的花蕊是传粉小虫的天堂，而它的果实却是爷爷不疼姥姥不爱。

小时候在大马路上，我经常看到一种大叶子的树，高高在上，笔直挺立，上面开着又白又大的花，叶子呈暗绿色，油油地带着反光。那会儿，大自然赋予的儿童玩具数不胜数，巴掌似的悬铃木叶子，小扇子似的银杏叶，大饼似的荷花玉兰叶子都是我的玩具，如果运气好还会捡一两片洁白无瑕的花瓣。

五月的时候，转悠公园与街道，行走在栽植荷花玉兰的路上，有幸近距离拍到它的花，花朵纯白恬淡，每一朵都像白玉盘，刚好花丝花药掉落到浅碗一样的花瓣上，那些一条又一条的就是花丝，花的中间卷曲状的就是花柱了，正好有一只小蜜蜂在跑上跑下采花蜜，好一幅富有生机的画面。

接着走到了家乡的一所大学，原本想找草原三宝的绥兰，路过一株高大的荷花玉兰树下，捡到了果实和一片片发黄的落叶，看上去就像是秋天提前跑出来打招呼似的。

我一时好奇，捡起果实做了个观察，又贱兮兮的掰成两半，里面像一个个小房子，每一个小房子都藏着小种子。

荷花玉兰原是长在北美东南部的植物，后来传入中国，从清代时期就是名贵树种，还是合肥、常州、余姚市的市树，它好种好养，价格也不贵，病虫害也少，更别提有着优秀的景观效果。现今被广泛栽培，花朵又白又大，花瓣像荷花似的，散发着淡淡的香气，故而命名荷花玉兰，但大部分荷花玉兰都挂着牌子叫广玉兰，也不知道为啥这样叫。

荷花玉兰不仅仅在园林中有着重要地位，在其他方面也很厉害：

它的木材纹理均匀，结构细，质量和硬度较大，是适合制作家具的高级木材。花与叶子、幼嫩的枝条可以提取芳香油。种子含油率42.5%，可以用作榨油。叶子和花朵含有芳香油、木兰花碱等多种化学成分，可以制作鲜花浸膏。提取物含有黄酮，在药理学上也有着相应的作用：抗氧化、保护心脑血管等。叶子有蜡质涂层，使它们能抗烟尘、抗污染、消毒、滞尘，在工矿区也能良好生长。

曾有人测试它吸收有害物质的效果：1千克荷花玉兰叶片能够吸收4.8克氯化物，1平方米荷花玉兰叶片滞尘量达7.10克！

荷花玉兰对二氧化硫、氟化氢也有较强的吸收能力，其枝叶挥发出的有机物质还能杀死空气中的有害细菌、微生物和原生动物，这妥妥的是净化空气小能手啊！

第四章

秋天的植物

很优雅

此花登高处，君子临壁渊

——射干

被子植物门 Angiospermae	鸢尾科 Iridaceae
射干属 Belamcanda	射干 Belamcanda chinensis

《荀子·劝学》："西方有木焉，名曰射干，茎长四寸，生于高山之上，而临百仞之渊，木茎非能长也，所立者然也。"

《劝学》是篇好文章，它告诉我们要勤奋学习，持之以恒。不仅如此，还要为自己打好基础，让自己站得更高，才能看得更远一点。

就好像这一篇写的植物主角，就是站在高山峻岭之上，遥望远方层峦叠嶂，被

称为"君子"的射干。

射干不读"shè gān"，它读作"yè gān"，音同"夜"。

初见射干此花，是在炎炎的七月，烈日似火，那是种整个人都会被蒸发的节奏。

走进我常去的植物拍摄地，路过一大片毛竹林，眼前就出现一群射干在山坡上跳舞，那可真叫个明艳。

射干开在夏季最热也最接近秋天的那个时间段，它是一种热爱阳光的植物。其他植物都在太阳下晒得焦黑，该躲起来的都躲着了。

唯有射干在阳光的灼烧下一点事儿都没有。这种仰头不惧自然的花朵，才会在千万年的生物竞争中一直存在，才能在古人的笔下留下欣赏与赞美的笔墨吧！

射干的形态秀丽坚挺，它的叶子像是一把把剑叠在一起，颇有侠义之感，支撑住细长的茎秆，能长到人的腰部那样高，在射干的花没有完全开放前，还是一条小螺纹，时机成熟后小螺纹爆发力量撑开了花瓣，展现出橙红色的花朵，每一朵都对着天空，在六片花瓣上都带着深红色的斑点。

北欧的一些国家将它叫作豹皮花：Leopardblomst（挪威语），也挺形象的，在花朵中间有着三根雄蕊，花药呈条形，喜欢聚成三角形的样子。结果的时候我又跑来观察，蒴果为长椭圆形，有三个小房间，每一个房间里装着好几颗黑珍珠，有的果实会被虫子啃咬，露出里面未发育成熟的暗绿色果子，就像好好的一个小窝被啃得像个破洞的草屋似的，看着就很有趣。

射干原产于中国华北地区，后来发现地越来越广，如今，国外地区，在日本、

印度尼西亚、印度北部和远至北部的东西伯利亚地区也能看到它的影子，现在也是一种观赏植物了，应用在一些花园中。

我们追本溯源，"射干"这一名词在先秦时代就有记载了，《周礼》里面，有一个叫"射人"的官职，手持长竿，掌管礼仪，当时是以射箭为核心环节的仪式为主，古时"射"通"夜"音，也可念成"夜干"。

魏晋南北朝"竹林七贤"的阮籍，曾借此花自比高洁的君子：

咏怀

魏晋·阮籍

朝登洪坡颠，日夕望西山。

荆棘被原野，群鸟飞翩翩。

鸾鹥时栖宿，性命有自然。

建木谁能近，射干复婵娟。

不见林中葛，延蔓相勾连。

……

幽兰不可佩，朱草为谁荣。

修竹隐山阴，射干临增城。

葛藟延幽谷，绵绵瓜瓞生。

乐极消灵神，哀深伤人情。

竟知忧无益，岂若归太清。

　　除了观赏和文学，射干在医学上也有一番可取之处，早在《神农本草经》里，射干记为：具清热解毒、利咽消痰，散血消肿之功效，主治咽喉肿痛、痰咳气喘。《本草纲目》赞其是"治疗喉痹咽痛之要药"，有微毒，但能去除毒素，能够用作蛇咬伤的解毒剂。

　　现代药理学研究结果表明，射干的主要化学成分有：异黄酮类化合物，还有醌类、酚类、二环三萜类、甾类化合物及其他一些微量成分，具有抗炎、抗病毒、抗真菌、抗过敏、兴奋咽喉黏膜和促进唾液分泌等药理作用，在临床上主要用于治疗和呼吸有关的疾患。

　　毕竟呼吸是人生存之本，所以射干这个家伙，有内涵、有历史、有大用，也算是走向植物界巅峰的赢家了。

周易之中占一席，历史悠悠少人知

——蓍草

被子植物门 Angiospermae	菊科 Asteraceae
蓍属 Achillea	蓍 Achillea millefolium

如果你经常逛网店，你可以试着搜索一下"蓍草"，不查不知道，一查吓一跳。

这个名为"蓍草"的植物，竟然还能与周易占卜扯上关系，它是一种古往今来颇有迷信色彩的植物。

蓍草没有那么常见，哪怕《中国植物志》上记载其生长范围很广，国内外皆有，但我遇到它也纯属偶然，拍摄每一种花，天时地利和运气缺一不可，也需要拥有专业的知识，耐心的守候。

著草全身暗绿，没开花的时候特别低调且不起眼，叶子细长呈深锯齿状，像一条又一条的蜈蚣，摸上去还有点扎手，可以说是很有特色了，它的别名亦叫作：蜈蚣草、锯齿草等。

在叶子的包围下，最显眼的就是那朵朵小白花了。著草是头状花序，密集成复伞房状，作为菊科植物的一员，它与其他植物的区别就是：你所以为的一朵花，不是一朵花，而是千朵万朵花。

外面的花瓣不是花瓣，是一朵花，专业术语称为"舌状花"，也被叫作边花；中间密集的是许多筒状花的集合，每一朵筒状花里都藏着花蕊，不仅著草如此，大部分菊科植物都有这样的特征。

记载著草的古籍挺多的，古人认为著草能长几千年，是草本植物中最长寿。

《诗经》中的《卫风·氓》："尔卜尔筮，体无咎言。"中的"筮"指的就是用著草占卜，先秦时代的人，都喜欢用龟刻和著草燃烟占卜，看看这事老天爷同不同意，包括谈婚论嫁。很可惜，这首诗写的就是女孩子嫁错了人，终日以泪洗面，日子凄苦，看来迷信与占卜这种听天由命的事情，并不是获得幸福的方式。

孔圣人也曰："夫著之为言耆也，龟之为言旧也，明狐疑之事，常问耆旧也。"是说著草和乌龟一样，寿命都很长久，而且能够预见未来之事，如果你对一些事情有疑惑，也可以多请教家中长寿的老人，他们活了那么久自然通晓世事。

著草的属名Achillea源于希腊字符的Achilles，音译：阿喀琉斯，他是古希腊神话中的英雄，为世人传颂的著名故事是特洛伊战争，相传阿喀琉斯在特洛伊战争时，用著草来帮士兵们止血疗伤，也使自己幸免于难。另有英国某地的民俗，称把著草叶子放在眼睑上，你就会拥有读心术，能看到他人的所思所想。还有传言夏天挂着著草就会整年都不生病。

真没想到，小小的一株不怎么起眼的著草，低调到没有多少人知道的著草，背后的故事竟然有这么多，古人赋予它的涵义如此奇妙，真令人惊叹啊！

那著草在现实的应用上，都有什么贡献呢？古代人民，在对著草的利用上不仅是拿来占卜，生活上还用著草驱赶蚊蝇毒虫，治疗常见的创伤和毒蛇咬伤，还能缓解肠胃疾病。早春食物贫乏时，采集叶子还能用作充饥，夏天把叶子割卜来做成草席或用作家畜饲草。

蓍草可以说是很全能了，但毕竟是很久以前的说法，有矛盾和不实之处，不可全信。

蓍草富含二十多种化学成分，有十五种氨基酸。现代药理学上有着抗感染、退热、镇静与镇痛、抗菌等作用，所以在户外遭遇蛇虫咬伤，外敷能够缓解伤口发炎，有解毒等效果，现在还能查到关于蓍草治疗蝮蛇咬伤的数据报告。

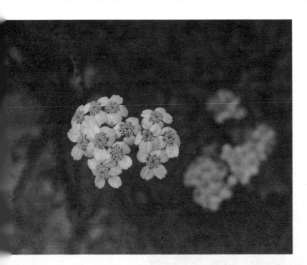

要注意的是，它具有一定的毒副作用，少数情况下还会引起过敏，若是见到蓍草欣赏就好了，可不要采摘啊！

如今，蓍草也因外形美观，对水土环境要求不高，好生长，因此在园林绿化中也占据了一席之地，市场上的品种与花色也趋于多样。因为有了鲜花，世界才会如此美丽精彩，值得我们去热爱。

花开花谢无数遍，紫白双色动人心

——变色茉莉

被子植物门 Angiospermae	茄科 Solanaceae
番茉莉属 Brunfelsia	变色茉莉 Brunfelsia uniflora

　　有一株矮灌木，四月开始便开花，花先开时呈蓝紫色，过几天发现花变成雪青色，再过几天变成了纯白色。

　　在一朵花变化的期间，其他的花苞也不甘寂寞，冒出花蕾开紫花、变白花，于是一株植物上，能同时看到三种颜色不同的花。此花活跃得很，开了又谢，谢了又开，一直持续到八九月才停下来，哎呀花期也忒长了些。我拍了它花的照片，拍了

它叶子的照片，又闻了那么久时而香、时而臭的味道，就等着它结果，后来才明白，这家伙是不会结果的。

它有着星星状的花蕾，绽放后的样子是五瓣花，呈高脚碟状，花瓣边缘偶有浅裂，五片花瓣还会带着大大小小的褶皱，像揉过的纸被摊开似的，花心的孔很小，倒能看到里面的雄蕊和雌蕊。

查了下才知道，它叫作"变色茉莉"，又名番茉莉、双色茉莉也。根据对它的观察，我强烈要求加一个三色茉莉的名字，这才符合它具体的花色变化。

这种矮灌木也挺有意思的，在国外它的英文名是Yesterday, Today & Tomorrow，翻译成中文就是昨天、今天和明天，估计是想表达出昨天它的花是蓝紫色，今天它的花是白紫色，明天它的花是纯白色这种生物特性吧！

此花原产于美洲，因为同株有多色花，显得很好看，而且一株还能开很多朵，有着浓郁的香味，被众人所喜爱，被列入了受人欢迎的观赏植物中，它从国外引入中国并不算久，所以在《中国植物志》中是找不到关于它的记载的，因为喜热畏寒，在华南地区种得较多，北方有没有就不清楚了。

然而就我本人的感受来说，若是一株变色茉莉上的花开得有点多，香味会浓而发臭。问了其他朋友也都认为如此，也许中国人偏向喜欢淡雅馨香类型的味道，对这种浓厚热烈的味道反而有点不适应吧！

它像个不太上镜的姑娘，拍摄它的时候，我都怀疑自己的拍摄技术了，怎么搁在眼前那么好看的植物，放在镜头中就有点丑呢？或许她就像是我们生活中那些不上镜的朋友们，在虚拟世界中平平无奇，在现实世界里大放异彩。

变色茉莉远比照片里看上去漂亮，株型矮而不凌乱，再加上有着三天三色的特性，花瓣的褶皱显得很立体，不管是种在绿化带还是盆栽，它都富有层次感。

每一次走过它的身旁，总能闻到浓郁的香气，从炎热的夏季飘荡到秋季，让人不免放下心中的浮躁。

有的人会在家里栽种变色茉莉，它是一种很好养的植物，还很少生虫害，我发现的那一株，一直被放养在花坛里，不管风吹雨打，还是烈日霜寒，到了时间照样长一树叶子，开一树的花，长得倍儿壮实。要是不介意它那浓厚的香味，倒是很推荐在家里种一株，装点一下生活。

"网红"彼岸花

——石蒜

被子植物门 Angiospermae	石蒜科 Amaryllidaceae
石蒜属 Lycoris	石蒜 Lycoris radiata

　　在网红盛行的今天，有的植物不可避免地成为一些人心中带有神奇色彩的植物从而受到追捧，它们在人们心中形成一种富有浪漫、诗意和传说的幻想象征，这次要说到的就是"花开不见叶，叶生不见花，花叶生生两不见，相念相惜永相失"的彼岸花。

　　"彼岸花"这名字，风靡网络和各种文学作品，实际上它只是别称，中文正式

名却冷冰冰的，叫作石蒜。

　　这个植物大家肯定不陌生，说石蒜花叶永不相见，是它的生物特征。惭愧的是，我到现在也从来没见过它叶子，据说它的叶子呈狭长状，但说真的除非自己亲自种植与观察，野外的石蒜叶子很容易与其他绿叶植物相混淆，难以辨认。它的花我倒是看了不少，也是很常见的花。常见也就算了，还很美丽；美丽也就罢了，还枝枝独秀，吸引人驻足欣赏。

　　也难怪有人会编一个关于花叶永不相见，代表一对恋人相爱不相见的悲伤的传说了。

　　石蒜的花期在9月前后，通常生长在阴暗潮湿的山坡和溪沟边，现在广泛分布，在日本和朝鲜也有。它是园林中常用的观赏花，在秋天会成为一道美艳的风景。

　　它从地上伸出挺直的茎秆，滑溜溜的啥都没有，唯在顶端生出七朵花团成一个圈儿，红艳艳的特别吸引人。花被裂片像是被煎炸的豆干，皱巴巴的反卷起来，中间那长长的雄蕊伸出来，组合成一簇妖艳瑰丽的姿态。

　　在佛教典籍《妙法莲华经》（《法华经》）中记载：结跏趺坐，入于无量义处三昧，身心不动，是时乱坠天花，有四花，分别为：天雨曼陀罗华、摩诃曼陀罗华、曼殊沙华、摩诃曼殊沙华。

　　其中的曼殊沙华就指的是红色石蒜，因此曼殊沙华这个名词，也是非常有名了，老实说这四个字单看倒没什么，组合在一起倒还挺有美感的。

　　加上它喜欢阴暗潮湿的地方，偶尔在坟墓附近生长，样子也显眼，有人发现之后就编出个什么故事，就有了"死人花""坟头花"这些不详色彩的名字。

在日本，石蒜的花期接近日本的祭礼节日，于是日本人认为，这种花是开在死亡之路的花，花和叶子不同期，有种分离的悲伤，就把"彼岸花"和"曼殊沙华"这两个名字扔给了石蒜，传说漂洋过海来到我们这里，下面这篇故事是网络上随手查的：彼岸花开于黄泉，是开在冥界三途河边、忘川彼岸的接引之花。花如血一样绚烂鲜红，且有花无叶，是冥界唯一的花。花香传说有魔力，又因其红得似火而被喻为"火照之路"，也是黄

泉路上唯一的风景与色彩。当灵魂渡过忘川，便忘却生前的种种，曾经的一切都留在了彼岸，往生者就踏着这花的指引通向幽冥之狱。

要我说，这编故事的人也太不走心了，石蒜是没香味的，不过确实会"忘了前生种种"，如果你敢吃它的根，包管你去见孟婆。

在中国，对石蒜的传统叫法没日本那边文雅清新，反而带点儿土气：除了上面说的坟头花、死人花，还被叫成龙爪花、毒大蒜、鬼蒜、蟑螂花、野蒜子等。

对于这个，我只能说，颜值高的花儿取个好名字还是很重要的。

从另一个角度说来，石蒜也是造福人类的一分子。每种植物都会含有特定的成分，这些成分或有毒或无毒，但都对人类的医学发展起到了不可替代的作用。石蒜

是有毒的，但现代科学研究表明，红花石蒜中含有多种类型的生物碱。最早在1877年，有人分离出石蒜碱，之后在1897年，有人报道红花石蒜中含有生物碱。20世纪中期，我国药物化学家洪山海研究好几种石蒜，分离出已知的生物碱和紫花石蒜碱等新的生物碱。21世纪我国学者对石蒜属植物种进行系统研究，研究员杨郁在黄花石蒜中分离到一个新的二萜内酯和7个已知的黄酮类成分。石蒜里面包含的生物碱能抗癌、抗微生物、抗真菌、抗疟疾、抗病痛、镇痛和抗乙酰胆碱酯酶的活性。其中加兰他敏被用于治疗重症肌无力、小儿麻痹后遗症等，近年来又被广泛应用于治疗阿尔茨海默病。

不管怎么样，石蒜始终是有毒的植物，不管它的作用是什么，这都需要临床科学试验的。珍爱生命，有病去医院，遇到了石蒜也别乱采摘，让它安安静静的绽放美好就够了。

■黄花石蒜——忽地笑（Lycoris aurea）

知道不知道，奇异果的宗祖

——中华猕猴桃

被子植物门 Angiospermae	猕猴桃科 Actinidiaceae
猕猴桃属 Actinidia	中华猕猴桃 Actinidia chinensis

诗经·桧风·隰有苌楚

隰有苌楚，猗傩其枝。夭之沃沃，乐子之无知！

隰有苌楚，猗傩其华。夭之沃沃，乐子之无家！

隰有苌楚，猗傩其实。夭之沃沃，乐子之无室！

记载猕猴桃最早的古籍就是先秦时代的《诗经》，猕猴桃最早也叫作苌楚，此诗表达了人们对草木的羡慕之情——它们没有家庭责任，也不会为生活所累，在山野自由自在的生长，开花结果。

真的是这样吗？也许在乱世中，人们颠沛流离，受到生活的重压，过得很凄苦，但是植物在千万年的进化中，也走过为了不被灭绝而拼命进化的过程，在与大自然的对抗中，应对各种风霜雨雪的恶劣天气和虫咬病害的侵袭。万物的生存从来都不是容易的。

除了苌楚，在《毛诗》中，称猕猴桃为"铫弋"，为何用这个名字一直是个谜，我怎么找都找不到与猕猴桃的关联性。但是还别说，此名确实听上去更有气势，可惜如今没有多少人会用"苌楚"与"铫弋"来称呼猕猴桃了，大部分还是用羊桃、杨桃、奇异果这些名字来称呼它。

《本草纲目》："羊桃，茎大如指，似树而弱如蔓，春长嫩条柔软。叶大如掌，上绿下白，有毛，状似苎麻而团。其条浸水有涎滑。"

《尔雅》："今羊桃也。或曰鬼桃。叶似桃，华白，子如小麦，亦似桃。"

《开宝本草》："一

名藤梨，一名木子，一名猕
猴梨。生山谷，藤生，着
树，叶圆有毛，其形似鸡卵
大，其皮褐色，经霜始甘美
可食。"

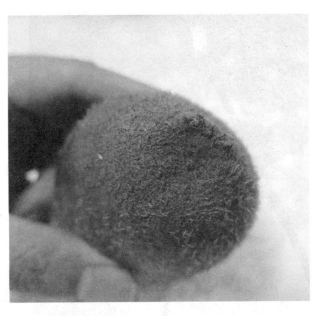

看来猕猴桃是年代越
近，名字越来越朝接地气的
方向前进，不知道它如果有
意识的话，会不会产生怨
念：为什么我的名字越来越
难听？为什么虞美人、辛
夷、花楸、紫萱这几个家伙
能保留那些诗意的名字，是我开花不好看，还是结果不好吃啊？

猕猴桃的花开放在五月，我们都吃过猕猴桃的果实，酸酸甜甜，维生素C含量
高，富有营养，而且小模样儿还很可爱，但大部分人对它的花没有印象，当我第一次
看到它开花，我也产生了一种"苌楚"此名没有流传下来实在是太没道理了的感觉。

猕猴桃开的花，大
而洁白，中间细丝带着黄
色花药，在绿叶之下、藤
蔓之间，静静的低头看着
你，朵朵垂花容，有一种
谦卑的美感，而"苌楚"
此名，听着就有君子似
的雅意，像它的花一样
谦逊。

它的叶子像巴掌
一样大，从个别角度看
上去像芭蕉扇，叶子边
缘还长着规则整齐的小

齿，摸一下触感硬硬的，瞬间想到指甲的倒刺。

等到七八月的时候，秋天走近，它也刚好结果了，树的叶子逐渐发黄，远没有五月份时看上去枝繁叶茂，果实像小鸡蛋一样垂挂着，萌萌的，外皮上有着浓密的绒毛，上手捏却是硬邦邦的，不用想就知道很酸。

我查了资料才知道，原来猕猴桃是雌雄异株，雄花的作用是用来传粉给雌花的，雌花有子房能结果，雌花与雄花的区别就在于，雌花花蕊中间多一些白色的刷毛状糙毛，等这些糙毛越来越少，花瓣变黄，花丝掉光，它的果子就会以圆润的形态出现。

在20世纪初，遥远的新西兰来了一个叫伊莎贝拉·弗雷泽的姑娘，在中国湖北宜昌偶遇猕猴桃并被深深吸引，她带着猕猴桃的种子回了老家并且将其果实进行优化和品种培育。由于新西兰当地的水土适合猕猴桃的生长，它被大批量种植，也被大规模产业营销，并培育出很多品种，至此猕猴桃有了更广阔的天地。它以奇异果之名风靡全世界并广受喜爱，新西兰也成为世界上出口奇异果最多的国家。因为果实长得和新西兰当地的一种基维鸟（Kiwi）很像，所以猕猴桃在新西兰又被叫成Kiwi果。

当初来中国的那位新西兰姑娘也不曾想到，猕猴桃会为自己的国家带来这么多的贡献吧。

不管是在食物领域中，还是在医学领域上，猕猴桃都具有值得研究利用的地方。

它含有一种抗突变成分谷胱甘肽：抑制诱发癌症基因的突变，对致癌物质亚硝酸基吗啉的合成有高达98%的阻断率。对抑制麻风杆菌有96%的有效率。含有较多的精氨酸和谷氨酸盐，能促进小动脉的扩展，改善血液循环和阻止动脉血管中血栓的形成。含有6%的镁，对

心脏病、心肌梗塞和高血压有缓解作用。含有的肌醇能调节糖代谢和改善神经的传导速度，对糖尿病和抑郁症有改善作用。富含类胡萝卜素（胡萝卜素、叶黄素和黄色素）、酚类化合物（花青素等）和维生素C、维生素E，能抑制胆固醇物质的氧化，具有养颜减肥的作用。

猕猴桃因为20世纪70年代以后大规模商业化生产，早期以采摘野生果资源为主的粗放开发加上多年毁林开荒的恶果，这些都使得我国猕猴桃遗传资源流失严重。目前，已有9个猕猴桃种或变种成为濒危物种，大量自然居群消失。

我相信，现在只要有人愿意去尊重自然，知道这些植物对我们人类生活的重要性，就一定会减少那些对自然物种的伤害。

朝开暮落，颜如舜华

——木槿

被子植物门 Angiospermae	锦葵科 Malvaceae
木槿属 Hibiscus	木槿 Hibiscus syriacus

诗经·郑风·有女同车

有女同车，颜如舜华，将翱将翔，佩玉琼琚。彼美孟姜，洵美且都。

有女同行，颜如舜英，将翱将翔，佩玉将将。彼美孟姜，德音不忘。

  这位姑娘，真像一朵木槿花，面容像木槿花一样明艳动人，姿态优雅，和你坐在同一辆车中，真是让人心情美好。

在中国，木槿是一种存在年代久远的植物了，从《诗经》就可以看到，先秦时代就有所记载，《广群芳谱》中亦有大量的诗句可以考证，在李时珍《本草纲目》里，木槿的别称也很雅致：白饭花、篱障花、日及、朝开暮落花、藩篱草、花奴玉蒸，每一个都是能成诗的名字。

木槿的花期始于七月，直至十月都会在枝头见到，在一棵树上持续不断的凋落、含苞、绽放，年年夏秋两季都如此，周而复始。

仔细观察，树下有着许多掉落的木槿花。怪哉！地面上的花都是闭合的样子，这是因为木槿有着朝开暮落的生物特征，它们在清晨时分开花，在日暮时间闭合，接着会从枝头上掉落下来，这画面有着残缺零落的美，让人不得不想到《红楼梦》中，林黛玉所作的《葬花吟》。

她就像汉武帝最爱的李夫人，给人展示出来的总是最美好的模样，树上永远都看不到凋谢的木槿花。

如今，木槿花的品种很多，我们常见的是单瓣木槿和重瓣木槿，都是观赏植物界的宠儿。颜色有白色、粉色和紫红色。白花木槿相对来说少见些，大部分在公园和路边看到的是粉色的单瓣和重瓣花，那也丝毫不影响木槿对人的吸引。

它的花似拳头大小，生于枝端叶腋间，未开放时是卵形绿色花苞，当时还以为是果实呢，单瓣木槿花瓣的基部，有着深红的色块，远远望去和风车一样，中间伸出很长的花蕊柱，上面布满了花粉，重瓣木槿因为花瓣很多的原因，覆盖住了花瓣基部的深红色块和花蕊柱。

若是拟人的话，单瓣木槿是身披薄纱、简单清爽的姑娘，重瓣木槿则是身着华服、厚重沉静的姑娘。

在中国的大部分地区，木槿花是可以用来食用的。作为为数不多的食花蔬菜之一，木槿食用价值很高，刚开放的花朵或者嫩叶处理下就能食用，无论是煎炸，还是清炒，亦或是煮粥凉拌等，做法多样，别提多快活了，不知道味道是否带有花的清香与爽口呢？

木槿花含有丰富蛋白质、维生素C、糖和不饱和脂肪酸，对体内血脂代谢有作用，还含有一些微量的元素钙、镁、锌，钾以及少量的硒和铬，部分物质含量高于绿色蔬菜。不仅可以助于增加抗病能力，调节免疫功能，还可以防治肌肉疾病、原发性高血压和心血管疾病，调节膳食结构也跟它有关。

它的叶子含有多种氨基酸，对头发的亲和力较强，试验也表明它比市场上的洗发液好。《本草拾遗》记载，用木槿花煎水洗脸，可美容，用叶子汁洗头具有滋发功效。想一想以木槿开花的貌美，被它滋养的人儿也会如花一般吧！

在医药学领域上，木槿全株都可供药用，它根茎的乙醇提取液对金黄色葡萄球菌、痢疾杆菌、伤寒杆菌及常见致病性皮肤真菌均有抑制作用。

除上面说的那些，古诗中木槿的出场率也不低，唐、宋、元、明、清时期皆有诗人作以木槿花为题作诗，现代也有一首名为《木槿花》的歌曲。木槿花是韩国的国花，亦被称为韩国玫瑰，象征着永恒或取之不尽的财富。

风雨之后亦有兰，纯白雅致助秋风

——葱莲

被子植物门 Angiospermae	石蒜科 Amaryllidaceae
葱莲属 Zephyranthes	葱莲 Zephyranthes candida

夏天已经过去一段时间了，虽然有的时候还会热得穿短袖，然而到了夜晚也不得不盖上被子，免得着凉。

这个时候还是有很多花，在懒懒的日子里猫着，如同懒懒的我们。

葱莲就是热衷于在秋天花枝招展的植物，这位原产于南美洲的小姑娘，千里迢迢、漂洋过海，跨越太平洋来到了中国，在中国园艺中占领了一席之地，说它没点

儿本事我是不信的。

　　拉丁名Zephyranthes，意思就是起源于希腊神话中的西风之神，他对植物和花卉拥有统治权，欧洲大陆因为西边靠着大西洋，属于地中海气候，当吹起西风的时候，意味着温暖与湿润到来。

　　葱莲这个"小姑娘"会在很多地方出现，没有什么娇气的要求，只要有一片土地，在上面栽上它，然后等待一场秋季的风和雨，之后它就会在这片土地上，绽放出朵朵纯白明亮的小花，煞是可爱。

　　它长得矮小，不会超过人的小腿高度，不开花的时候极其不显眼，一片片细长的叶子如同杂草，容易被人忽视，一旦开花，你就会觉得整个世界瞬间明朗，像是大雪花掉在地上似的，在秋季的燥热中给人带来清爽和舒适。

　　每一朵葱莲有六个花瓣，中间伸出

■ 韭莲与葱莲为同科属植物

六根雄蕊，是艳丽的金黄色，再仔细看看就会发现，这些花蕊旁边有一个白色花柱，却总是被挤到一边，显得孤零零的。葱莲的果实我很少看到，据说是三瓣开裂，像球形。

我看着它们伸长着有弧度的花瓣，就像是打开了身体想要与万物进行拥抱的姿势，觉得特别有爱。花朵纯白，样子既纯且雅，简单不复杂，专在夏天尾巴及秋季期间，在风雨后安静盛开，再加上它的姿态，才会使它在世界各地归化，成为人人喜爱的园林装饰植物吧！

葱莲的叫法有好几种，在江苏叫葱兰，香港地区称之为风雨兰，而英文名字则是Rain lily，又叫雨中百合，和它相像的有粉红色的韭莲，它还有黄色的品种，不过我们在国内很少看到黄色的葱莲，韭莲常常能看到。

实际上，有关葱莲的资料并不多，她不是什么热门的研究植物，关于其化学成分的研究也很少。这个世界上有很多植物不被了解，也很少有人挖掘它们背后的故事，但我想以后一定会有越来越多的人去研究植物的。

君子如梢傲秋风

——杭子梢

被子植物门 Angiospermae	豆科 Fabaceae
杭子梢属 Campylotropis	杭子梢 Campylotropis macrocarpa

如果你对秋天的印象是红叶满山、果实累累、秋风瑟瑟、大地寂寥，那可就错了！

秋天的花朵开放之多、范围之广，绝对能与春夏两季一争高下。而且，在秋天开放的花，生命力反而会更加强喔！

我家乡是一个山多的城市，偶尔自己会坐车去野外爬山，一路上总会发现很

多不一样的景色。秋季也是出行的好时机。我从一座山下开始走，路过一个大水库，发现沿路开了很多粉色的花，不管是公路边还是山坡岩壁上，亦或是灌木丛中，它伸出老长的枝条，一簇簇地对着行人摇摆。

秋风吹过，摇摇晃晃的植物们增加了我的拍摄难度，好在植物们虽然被风带着节奏摇摆，但安静下来还是相当配合我的。

杭子梢此花像一个在山中秋游的君子，那种恬淡的色彩让人的心也宁静下来。它是豆科下面杭子梢属的属长，豆科植物可以说是植物界中的豪华阵容家族了。在《2017年世界植物现状年度报告》中，开花植物中成员数量最庞大的科目是菊科，第二名是珍稀物种最多的兰科植物，第三名就是奇葩很多的豆科植物了。

豆科植物不仅奇葩多，它的药用植物数量也是最多的，平均每100种就有12种可以入药，不过目前为止没有找到有关杭子梢的化学成分研究和药理研究，它的资料只在《中国植物志》中有记载，目前，它主要是应用在园林景观植物中。

豆科植物在人类社会中能用到的地方相当多。从食用的豆类、牲畜的饲料，到家具的用材，还有纤维、树胶、染料等，用途之广令人佩服。最具特色的是它们的花朵形态，它们的花朵会分为三种不同类型的花瓣：旗瓣、翼瓣、龙骨瓣。

仔细看看杭子梢，它的旗瓣未打开之前，一朵花看上去是紫红色的，等到它的旗瓣打开之后，就变成淡粉色，只有尖端处有点点紫红，而下面的翼瓣和龙骨瓣颜色也开始变浅了，不知道它为什么会在没绽放之时鲜艳，绽放后就低调了。就算如此，它看上去依然很美，在旗瓣中下部，如果你能仔细看，还能看到一圈绿色斑点。

不过再美也要小心，在中国植物图谱数据库中，它是被收录为一种有毒的植物。

杭子梢分布范围很广，产于河北、山西、陕西、甘肃、山东、江苏、安徽、浙江、江西、福建、河南、湖北、湖南、广西、四川、贵州、云南、西藏等省区。

豆科植物的根部会有根瘤菌与其共生，杭子梢也不例外，因此它对土壤有着固氮能力，还能改良土地，枝条有韧性可以用来编织物品，秋天也会有一些小虫子出来冒泡，花蜜恰好为它们提供了食物。

自然万物互利互惠，因此生命生生不息、循环不止，这就是植物存在的意义。

不是鸡肫，也不是内脏

——鸡肫梅花草

被子植物门 Angiospermae	虎耳草科 Saxifragaceae
梅花草属 Parnassia	鸡肫梅花草 Parnassia wightiana

郦道元在《三峡》中写道："每至晴初霜旦，林寒涧肃，常有高猿长啸，属引凄异，空谷传响，哀转久绝。"两岸绵绵的山川，山川中有着深谷幽溪，猿鸣阵阵，我的家乡就在这个风景区里。

十月，秋天的气息越来越浓厚，趁着温度清爽适宜来到三峡，坐在渡船上欣赏长江两岸壮丽风光。之后我走进了龙进溪，在溪水两旁湿润的峭壁上观察是否有花

在开。刚好下了几天大雨，龙进溪的水暴涨，在湍急的水流中，我找到了一种之前从未见过的植物——鸡肫梅花草。

在《中国植物志》中，鸡肫梅花草显示出来的是"鸡腒梅花草"，且能够查阅到的资料也很少。鸡肫梅花草开的花特别精致，远看它是白色淡雅的花，像身着白衣的姑娘，凑近了看就知道那都是错觉，原来白色也可以如此华丽，一点都不朴素。

鸡肫梅花草是我见过的第一种梅花草属植物，着实让我惊艳了一把，它来自于虎耳草科，这也是一个长相各异的大科目，虎耳草本草的样子和梅花草属里的各位长得一点都不同，除了那些圆圆的可爱的叶子。

它那洁白的花朵单生于顶端，五片花瓣舒展开来，在花瓣上，还有绿色点缀着规则又整齐的针状花纹，中间一圈黄色是它的退化雄蕊，顶端具有圆形腺体，看着还挺萌的，而退化雄蕊是梅花草属中大部分物种会出现的一种独特特征。

更令人惊异的是花瓣的边缘竟然还有流苏状的毛，齐刷刷的站在一起，很是灵动，让人不禁感叹造物的神奇。

在溪水中间的岩石上，鸡肫梅花草和旁边不知名的植物叶子相依相偎，肾形叶子很像鸡肫，仔细看它还是抱茎叶，上抱着花枝花蕾，下贴着湿润岩苔。

鸡肫梅花草在一些地方药草书籍中有所记载，它是民间传统的中药之一，这外号还不少呢：在《贵州民间药草》它叫白侧耳；在《重庆草药》中为水侧耳；在《贵州民间方药集》中叫白耳菜、叫天鸡；在《浙江天目山药植志》里叫作苍耳七、金钱灯塔草等。

在《中国植物志》中，鸡肫梅花草那一页写着花期是7~8月，也许三峡的气候和其他区域有所不同，能够在10月份看到它开花，倒也很合理。它喜欢生长在溪沟、水边等潮湿之处，在陕西、湖北、湖南、广东、广西、贵州、四川、云南和西藏均有分布，不过对环境的要求很高，自然的美丽与现代化发展总会互相矛盾，所以我们得远离城市才能寻得芳踪。不过要谨记啊，别摘花、别挖花、别伤花，本来就不是很常见，伤害只会导致其越来越少。

拍摄植物、写植物是为了让更多的人发现更广阔的世界，去热爱生命，去热爱大自然送给我们未曾了解的美好。

遇见獐牙菜的人，运气通常不会差

——獐牙菜

被子植物门 Angiospermae	龙胆科 Gentianaceae
獐牙菜属 Swertia	獐牙菜 Swertia bimaculata

有一年，趁着十一长假，约上同样爱好植物研究的朋友去攀爬家乡的一座山。此山名曰白云，由于连续几天下雨，上山的道路无比曲折，软绵的泥土、急转的弯道、浓厚的迷雾、看不到头的山路，不认识路，也问了不少上山的人，当我们从迷迷蒙蒙的大雾中冲上山顶的时候，一下子豁然开朗，我长叹曰，原来太阳老爷扔下在雨中发霉的人们去风景优美的白云山度假了。

　　山里的环境很好，在这片山中，我们碰到了不少新奇的植物，算盘子、尼泊尔蓼、乌头、沙参、双蝴蝶以及獐牙菜。

　　见到獐牙菜，我想起我在识花认草的入门阶段，看着一张张形态各异的花朵图片，画面定格在一朵五片花瓣的可爱小花，哇，这是什么花？叫什么名字？在哪里可以见到实物呢？我心心念念，问到了它的名字，了解了它的科属种，就剩下亲眼见到此花了。如今总算见到它，像是完成了一个心愿，忒满足了。

　　獐牙菜的植株不高，除了开花比较显眼外，其余都很普通，在山野中特别不起眼。白云山上的獐牙菜数量不少，让我们开了眼界，除此之外还发现了紫红獐牙菜。

　　在《中国植物志》里，獐牙菜的别名还很多：大苦草、黑节苦草、黑药黄、走胆草、紫花青叶胆、蓑衣草、双点獐牙菜。这几个名字中除了双点獐牙菜还符合花的形象，其他名字却找不到出处，怪哉怪哉！

　　让我们看看它长什么样子，如此令人印象深刻。它的花很小，还没有乒乓球大，大部分都是五片花瓣，偶尔会有四或六片花瓣，由于是圆锥状复聚伞花序，我们可以看到有很多花蕾显出层层向上的样子，可惜没有看到这么多花共同开放的景象。

　　它没开花的样子像一座座朝天小灯笼，齐刷刷的迎风摇摆，一开花就喜笑颜

　　开，五片长花瓣至顶端变尖，尖端还有很多紫黑色的小斑点，小斑点往下有着两颗黄色圆形物，这是什么？

　　獐牙菜属所有的植物每个花冠裂片近轴面都会有蜜腺，这些蜜腺是释放花蜜出来吸引昆虫来食用的，以此来引导昆虫为其传粉，这些蜜腺在獐牙菜这里叫作腺斑，有些不同种獐牙菜长的是腺窝，但我没遇到过。

　　中间伸出了五根花丝，顶端是花药，中部就是花柱了，那是结果的区域，果实看上去还像一座微型塔。

　　看着这样一朵花，如果植物有表情，它肯定是笑嘻嘻的。

　　想想家乡山地那么多，我也不算懒散，在外面跑了那么多次，偏偏只在此山中看到一大片。想来遇到新的植物，不光要有善于观察的眼睛，还要讲究一些运气。

　　獐牙菜分布的区域不少，在中国除了东北、内蒙古、海南、台湾以外，其余地区都有分布，在国外，印度、尼泊尔、不丹、缅甸、马来西亚和日本也可以寻找到其踪迹。

　　我们在它6~11月的漫长花期中，去山中，去远离城市喧嚣的河滩沼泽潮湿处，去山坡林下灌丛中，耐心细心用心找，一定能找到。

　　在搜索资料的时候，我还发现一种"鄂西獐牙菜"，对比了下图片，觉得和獐牙菜特别像。我的家乡就在鄂西，一时也难以辨认，产地也重合，就在这里把两种獐牙菜的名字都放了上去，避免产生误导。

　　明代早期植物图谱《救荒本草》里，关于獐牙菜的记载有点模糊，配的图也不像。描述中说："古今植物名称一致，但有不合之处，因为獐牙菜植物含有龙胆苦苷，当药苦甙等成分，苦味明显，味甜这句存疑。"这话说得很好，没想到古人对此还有一番较真精神。

深秋的静谧中，安静以当萌

——爵床

被子植物门 Angiospermae	爵床科 Acanthaceae
爵床属 Justicia	爵床 Justicia procumbens

深秋，野外的花魁是菊科植物开的花，虽说它们数量众多，但数量多也不是好事，去野外爬山的人常常对此审美疲劳，开得再美再显眼也总是被无视掉。

人类的大脑是个神奇的东西，既会对常见又熟悉的事物失去原先的喜爱，又会对稀少又不明显的事物怠于理会，只有新鲜奇异又明目张胆的事物才能引发他们趋之若鹜，可现实生活中并没有很多这种机会。

"爵床"是个很陌生的名词，组合起来有点怪异，牵强附会一下也就会联想"伯爵的床""公爵的床"什么的。实际上，在植物界里千奇百怪的名字中，爵床这名字只能说是够普通的了。

如果去查询各种植物的名字以及它们在历史上的记载、地方俗名之类的，就会深深感受到命名之人的恶趣味。

早在魏晋时期，有一本《吴普本草》，记载了441种药材，其中有一个：爵麻，一名爵卿。不知道爵卿此名如何得来，仅这寥寥数语，也没说个形态特征就一直沿用到今天，当成是爵床的别名，我个人觉得有点不严谨。

在古时候"爵"和"卿"两个字意味着高官和地位，和爵床的真实样貌有点不符，它是一种甚不起眼的家伙，在草坪中常常被当成杂草，身材矮小，花朵如绿豆，但数量众多，分布也广，在哪儿都能看到它。

随性的长在山野上，随性的被记录在民间和古书里，也随性的叫成各种各样的名字，有叫着好听的：如《福建民间草药》中

的六角仙草，《江西民间草药》的观音草，《四川中药志》的毛泽兰；还有不好听的：如《江苏药材志》叫阴牛郎，《南京民间药草》叫五累草，《纲目拾遗》叫苍蝇翅，《中国药植志》取成瓦子草等。但符合形象的，还是《唐本草》中的赤眼老母草了。

爵床这种花的形状，称为唇形，上唇有两个雄蕊像眼睛，下唇的中间有紫色纹路，背面还有绒毛，一般穗状花序的植物开花通常会一排排的很整齐，然而爵床这种一个穗子只开两三朵花的，也颇有种随性之感。

作为植物世界中的一科

之长，它的样子比不上其他的小伙伴，与我们的生活那么近又那么远，而科下的虾衣花、翠芦莉、金脉爵床等多种植物已经作为美丽的观赏植物接近人类生活了。也许是每种植物有着不同的使命，至少它们从不浪费自己的生命。

爵床分布甚广，它喜欢湿润温暖的气候，所以在西北和东北那干旱和寒冷的大地上基本不会看到它的影子，在《神农本草经》中，它可以全草入药，有治腰背痛、创伤等作用。

在对爵床的化学成分的研究中，日本和我国台湾地区的学者对其研究较多，其化学成分主要为木脂素及其苷类。

爵床在药理作用上有较强的抗疱疹性口腔炎病毒活性，能抗肿瘤，还具有显著抑制血小板凝集的作用，临床上还可以治疗小儿厌食症、尿路感染、顽固性久泻等，不过还有不少问题需要进一步阐明和研究。

若是我们在山野中研究植物时不慎受伤，倒是可以用爵床来处理下伤口应急，但不能作为主要的治疗手段。从植物世界回到人类世界，依然要用科学的方式治疗伤口。

第五章

冬天的植物

很坚毅

凛冬将至，依然有朵小花在绽放

——头花蓼

被子植物门 Angiospermae	蓼科 Polygonaceae
蓼属 Polygonum	头花蓼 Polygonum capitatum

在寒冬腊月，好天气非常难得，出现一个大晴天，我就兴致勃勃地跑出门去观察了。

原本以为寒冬腊月不会再有什么花开放，四处萧瑟冷清，叶子该掉光的掉光了，满眼可见的大部分是光秃秃的枝桠。

我开始寻找那些边边角角，希望能看到些有趣之物。果不其然，在生锈的护栏

上，在紧贴薄土的地面上，长了一丛不知道叫啥的植物，伸出细长的枝条，上面有着一颗两颗像糖果一样的花。

凑近了看，那种糖果一样的家伙，是一朵朵小粉花聚合而成的，在冷到早上起床都需要很大勇气的冬天，这些小家伙们用实际行动告诉我们：嘿，看见没有，寒风也没有什么好怕的！

好嘛，作为一个在被窝温暖睡觉的人，确实应该羞愧那么一下。

通过查询了解到，这种植物叫作头花蓼，是一种地被植物，这名字很符合它的样子。它有着粉红色的头状花序，像一颗颗圆糖球，远看很诱人，近看很萌人，粉的、淡粉的、白的，在这一小片地方焕发着勃勃生机，认真看，还会发现部分"糖果"上面还有些将开未开的小小花，里面的花蕊别提多细小了。

它的叶子也很吸引人，每片椭圆形的叶子上都有一道红褐色的V形，每一片叶子都匍匐在地面和台阶上，还会沿着铁护栏攀爬，小心维护自己的花，紫色根茎与

暗绿色的叶子静静交叠，有着丝毫不惹眼的低调，给寒冷的冬季带来丝丝温暖。若非它伸出那糖果状花序，给暗淡的冬天带来了一抹亮色，我想我也会随便看看就走开了。

在美国，头花蓼很受人喜爱，亦很令人头痛。因其可爱的样子，被取名为"Pink Knotweed"粉红蓼和"Pink Fleece Flower"粉绒花。这种归化的装饰性地被植物原产于中国西部和喜马拉雅山脉，美国的俄勒冈州、加利福尼亚州、路易斯安那州引进了这个植物，人们都说它太可爱了，

用来装饰花盆会有不错的效果，是一种很好的观赏植物，只是最好不要在温暖的地区种植。只要气候适宜，头花蓼会发疯一样具有侵略性，它会迅速传播种子，并且影响其他植物的生长，如今在加利福尼亚州它已经被列为入侵物种了。

不仅在美洲，头花蓼也在夏威夷岛屿上沿着路边和中海拔的开阔熔岩地生长。

它生命力顽强，能生长的地方挺多，在《中国植物志》中记载，在江西、湖南、湖北、四川、贵州、广东、广西、云南及西藏都可以看到它的身影。

原来毫不起眼的时候，它只是用来喂食牲口的野草，如今它被说成是贵州苗族和侗族的民间常用药材，专门用来治疗泌尿系统感染的疾病。在贵州，头花蓼已经成为开发的重点药草，还有国内首个头花蓼GAP（意为中药材生产质量管理规范）规范化种植基地，在临床开发和药理研究中，也有提到具有抗菌消炎、镇痛解热以及抗氧化的效果。

也有地方将它用在跌打损伤上，全草无毒，味苦，不适合食用，在户外爬山时不小心受伤可以用一下应急。

这么想来，这个小家伙如此厉害，又在这个时间开花，也是很有趣味的事情。不知道过多久它会进入冬眠，那么在它正式冬眠之前，我也打起精神来面对我一向讨厌的寒冬吧！

如果让我遇见你，我就随你走天涯

——白花鬼针草

被子植物门 Angiospermae	菊科 Asteraceae
鬼针草属 Bidens	白花鬼针草 Bidens pilosa var. radiata

　　没有人知道白花鬼针草是什么时候长在这儿的，在冬日阳光的午后，静谧温暖的山道边，她悄悄地开着花，成了这片区域的唯一倩影。

　　我常常爬一座山，一年四季都不会缺席，在我发现白花鬼针草之前，路过的小土坡有一株蒲公英，毛茸茸的一团，在阳光的照射下显得晶莹剔透。

　　不远处的长江因为天空的颜色映衬得格外蓝，穿过山下的田园，田地里种着各种各样的蔬菜，显得冬天也并非是万籁俱寂的。

上山的阶梯上，夹竹桃与石楠夹道欢迎我这个山中常客，在树下阳光的缝隙中看到了白花鬼针草，这家伙到处都有，开花时间也很长，从春天到冬天一直都可以看到它开花结果，村旁、路边及荒地中不缺少其身影。

作为菊科家族中一员，她很荣幸地继承了不俗的繁殖能力，有着生长要求低和高颜值等特征，在高挑的身材上，顶着一张金盏银盘似的脸，凑近点儿看看。别看她长得清秀可爱，别以为她好惹，她可是个心机很深的小妖精。

让我们凑近点儿，看外面包围着白色带有缺刻的舌状花，中间金色的管状花扎堆在一块儿。是的，你眼里看着像是一朵花，实际上都是用一朵朵花组合成的头状花序，白色舌状花是用来吸引我们的，黄色管状花是用来让昆虫们授粉的。

除此之外，还有它心机深沉的一面，那就是

它的果实了，果实类型叫作瘦果，长得一副扁长形，聚合成毛刺刺的球样，远看上去还很萌萌哒，一副人畜无害我自摇摆的样子。可别被这种外表欺骗了，如果你进山遛一圈，不小心路过它们，当你出山后就会发现这些家伙竟然死皮赖脸的黏在你的衣服上了，拍也好抖也好，顽固得很，只能一根一根的扯掉，连小动物们也不会被它们放过。

因此它有个外号又叫：跟人走。

看看它那让人头疼的果实吧，细长棱形状，尖端像三叉戟，而且还分布着倒刺，用手轻轻揉搓也有不平滑的扎手感，这样的长倒钩刺，碰上就很难弄掉，它们利用果实通过人畜和货物等实现远距离散播，再加上种子发芽率和发芽势较高，特别有活力，原本在美洲大陆岁月静好的生长，没想到会逐渐在世界各地归化，温暖的地方逃不过它的占领，目前已经成为世界性的入侵杂草植物之一了。

作为常见的杂草，不同地方都有给她取些好玩的名字：什么婆婆针啊、刺儿鬼等，国外还叫她"Spanish needle"西班牙针、"Beggar's tick"乞丐的虱子、"Devil's needles"魔鬼的针、"Farmer's friends"农夫的朋友，但我还是认为中文名更酷：白花鬼针草。

虽说它心机深沉，霸道蛮横的侵略各地，但并非没有可取之处。在我国民间，它是常用草药，能清热解毒、散瘀活血，在广东一带称其是天然的清凉草，采摘一把用冰糖煲凉茶喝可以缓解口舌生疮、头痛发热等上火现象，晒干了以后也可以继续使用，用一句俗话说叫：有病治病，无病保身。

她的提取物能治疗许多病症，比如上呼吸道感染、咽喉肿痛、急性阑尾炎、急性黄疸型肝炎、胃肠炎、风湿关节疼痛、疟疾，外用治疮疖、毒蛇咬伤、跌打肿痛。

据说它在非洲被广泛食用，在越南战争期间，越战士兵将这种药草当作一种蔬菜，因此被称为"士兵蔬菜"，新鲜的白花鬼针草用于治疗蛇咬伤和创伤，在特立尼达和多巴哥，它叶子的水溶液用于沐浴婴儿和儿童。20世纪70年代，联合国粮食及农业组织（FAO）还推动非洲种植白花鬼针草，说它易于种植、食用，美味且安全。

不过，对于花粉过敏的人要小心了，白花鬼针草的花期长，花粉量大，具有很大的致敏性。研究人员做过敏原研究检测：白花鬼针草的花粉变应原致敏性较强，而且致敏变应原的种类较多，因此对花粉过敏的朋友外出野外游玩或者登山时记得带好口罩哦！

了解你的故事，感动于你的存在

——秤锤树

被子植物门 Angiospermae	安息香科 Styracaceae
秤锤树属 Sinojackia	秤锤树 Sinojackia xylocarpa

1927年，在南京郊区幕府山中，秦仁昌先生采回来一种植物的标本。

1928年，胡先骕先生发现，这个标本的植物从未见过，查阅资料也没有名字，便为它建立了安息香科秤锤树属，取名为秤锤树，它是实打实的由中国植物学家发表的第一个新属。

冬季以外的日子，三峡植物园是我常去观察植物、寻找植物的好去处。进门左

转有一条蜿蜒曲折的水泥路，除了天寒地冻的时间，都可以看到不同的景色：有时候会看到铺满草地的紫色韩信草，有时候是白色葱兰，有时候是斜坡上开遍的橙色射干，有时候是金色的黄花菜在路边摇摆。

这条路的尽头便是是珍稀植物园，里面栽植的大部分是中国红色名录上I级或II级国家保护植物。

我五月的时候去过一趟，连香树的心形叶子呈青蓝色，看上去绵绵的很可爱，某种樟科保护物种的叶片呈金属光泽，在阳光下颇为亮眼，往里面一走，有几棵秤锤树正在开花。

就算不是盛花期，那一树花白如雪，也实在是难得一见，尤其是它没有槐树的高高在上，没有白玉兰的优雅圣洁，却是娇美可爱得紧。

秤锤树的花朵彼此都挨得很近，一朵朵垂下来像姑娘娇羞的脸，不会明艳动人，却别有一番风味。它花朵洁白，五至六片花瓣如同星星，中间金黄色的花药聚在一起，中间有一根白色的花柱。

时隔半年，十二月再去濒危保护园，秤锤树的果实正密密麻麻地在树上垂挂，叶子正随着季节的变换而枯萎。

我想，当年胡先骕先生可能是看到它果实垂挂的样子太像那个年代的秤锤，才会命名为"秤锤树"吧！

按理说，秤锤树无论是开花还是结果，都是很值得拿去用来栽培成园林绿化或庭园的装饰树种，没有人能抗拒它开花的纯美和结果的可爱，可查过的资料里，它

的濒危情况一直都没有得到很好的改善，这是为什么呢？

秤锤树对生长环境的要求说高不高，说低也不低，它要生长在年平均气温5摄氏度以上海拔500~800米林缘或疏林中，土壤必须有一定的湿度，有充足的光照，还得和一批阳性乔木和灌木相伴而生，它可以耐寒、耐旱和贫瘠，全国至少几十家植物园都在试着去栽培这种植物，只是能成功栽活的植物园寥寥无几。

答案就藏在它的种子里，秤锤树的种子呈种皮厚膜质，我费了九牛二虎之力，连牙齿都用上了，才剥开了一部分，特别硬实，查过资料才知道，我还没挖到胚乳呢！它的胚乳还得往里面继续挖才能看到，胚乳还特别小。

种植秤锤树需要种子保持一定的湿润软化，在土壤中深度休眠好几年，才有几率让胚乳部分生根发芽，好不容易生根发芽，还要有机会晒到太阳，预防虫子啃咬，长成一棵树后，人类活动的干扰、砍伐也会导致它生命的结束。

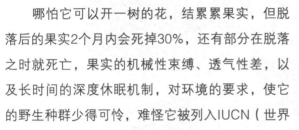

哪怕它可以开一树的花，结累累果实，但脱落后的果实2个月内会死掉30%，还有部分在脱落之时就死亡，果实的机械性束缚、透气性差，以及长时间的深度休眠机制，对环境的要求，使它的野生种群少得可怜，难怪它被列入IUCN（世界自然保护联盟）濒危物种红色名录中，成为我国特有的国家二级保护濒危物种。

在漫长的历史记录中，在被秦先生和胡先生发现和命名之前，没有人会提到一种树，会开满一树清雅可爱的小白花，会结满一树小巧可爱的果实，秤锤树属的植物在野外安静的遵循自然规律。

人类活动范围的扩大，开山采矿，环境的恶化，想看到野生的秤锤树，只能在山里野外碰运气了。

开花、结果、发芽，这三个动词看上去简单，可对秤锤树而言要花那么大的力气和那么长的时间，生命的脆弱与顽强在自然界和人生故事里比比皆是，每一次听说和见证都令人感动。

有的物种轻而易举遍地都是，有的物种活下来都举步维艰，愿我们的生活越来越好的同时，尽量保持对大自然中一草一木的尊重吧！

救兵粮，火棘也

——火棘

被子植物门 Angiospermae	蔷薇科 Rosaceae
火棘属 Pyracantha	火棘 Pyracantha fortuneana

我之前一直认为花是植物的脸，不同的花有不同的脸，只要看到这朵花的样子就能说出名字是我最想达成的成就之一。

当我发现同属的花中有太多长得相像的脸时，就发现事情没有那么简单了。

它们就像双胞胎、三胞胎一样，如果再用不同的花有不同的脸来判断植物的种类，这肯定不够严谨。

　　当我们碰到花朵一致的植物时，想要知道它是谁，我们除了观察花朵，还得去观察叶子、果实、株型这些明显的地方，其次是萼片、被毛、根茎，再就是花期、地域、生境，以上的情况综合起来再去查阅对比专业资料上的描述，这样就能大概率得出准确的答案了。

　　火棘是野外常见植物，它是一种常绿灌木，城市中有用它来当作观赏植物，山中的向阳处也可以找到它，花期通常在3~5月份，到了秋天就会开始结果，一直到12月，我在城市里和山中发现了两种火棘，它们的叶子不同，花却相像，但都是火棘属下的一员，一种是火棘 Pyracantha fortuneana，叶子尾端是圆钝样，另一种细圆齿火棘 Pyracantha crenulata，叶子尾端是尖尖的，花和果实大小也不同，但不注意这些细节，很容易当成一种。

　　春天到来，这种小灌木开满了一簇簇的小白花，散发着浅淡的芬芳，捡一朵放大观看，五片圆形花瓣各自分开围成一圈，中间那些花丝上点缀着褐色花药，单看上去小而精致，形成一片就特别壮观，吸引了大量的蜜蜂和其他授粉使者。

　　等到秋天时，火棘果兴冲冲地冒出来了。它鲜红可爱，一颗接着一颗，也是一簇一簇惹人眼球，据说还有橙黄色的果实，我还没见过呢！

　　在野外登山碰见，我也会颇有兴致的观察一下，常言道，鲜艳的植物不好惹，不是有毒就是有害。初次看见它鲜红欲滴的样子，轻易不敢接触，后来了解到这家伙人畜无害。就摘下来玩，还剖开来看里面的种子，又黑又小的。实际上火棘在很久以前就是可以食用的。

我尝试了一下它的味道，小小的一颗很酸很涩，口感沙沙的，也难怪它能够在山野长这么多。如果火棘味道不错的话，早就会被采摘干净进入我们的口腹了。不过，这对迁徙的鸟儿们来说，却是很重要的食物来源。

据《农部琐录》记载："救军粮，武侯南征，军士采食之，故名。"侧面说明火棘原产于中国，在三国时期就有食用记载，更还有些民间传说，版本各异。

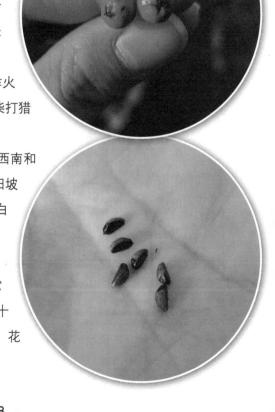

在久远的那片时空中，一群将士们在山中徐徐而行，他们要么去为国家开拓疆土，要么去击退外来入侵的异国人士。粮草不够吃，在忍饥挨饿中发现漫山遍野长了许多鲜红欲滴的果实，虽然不好吃却给人带来了希望和力量，将士们采摘了不少当作路上的口粮，并且命其名为救兵粮，此去一役生死不知，亦无悔也。

在云南，火棘随处可见，分地区称作火把果或者救命粮、救饥粮，山区人们在砍柴打猎时，饿了就顺手摘点这果子充饥。

火棘分布的地域很广，在我国东南、西南和西北部，海拔500~2800米的山地、丘陵阳坡灌丛、草地及河沟路旁都可以遇到，花朵白色五瓣，不超过指甲盖大小，果实鲜红，少数呈金黄色。

在云南、贵州、四川、湖北等地，它的别名叫火把果、救兵粮、救军粮，湖北十堰又有土名棘马粮，中药里称其为赤阳子，花市里有人叫它鸿运果。

　　除了充饥，它对于人类的作用还有很多，民间将其果实、根、叶作为中药："生津解渴，活血止血，清热凉血解毒"，可以预防多种疾病。

　　火棘果实富含碳水化合物、维生素、氨基酸和矿物质，可开发成酒类、饮料等商业产品，还能提取色素，是优良的食品添加剂，也是重要的天然色素资源。

　　国外对火棘果的加工应用研究主要集中在化妆品研制上。从1996年开始，就有机构以火棘果提取物为主研制出美白皮肤、抗皱、防衰老系列的护肤化妆品，效果明显。

　　春季观花，夏后观果，耐寒耐旱耐贫瘠，性格顽强，在外好护理，制作盆栽亦美观，它的叶片上表面具有叶毛，具线状突起，叶片下表面有叶毛，气孔扁平且较大，气孔的密度高，因此它的滞尘能力很强，可以降低空气中飘浮的灰尘密度，起到净化作用。这样一来，火棘还真是全面发展的植物，前途不可限量也。

小知识：植物的滞尘作用

1. 固土。植物将根扎入土壤中，将地表土紧紧连在一起，抑制了扬尘的产生。
2. 有些植物叶片具有吸附灰尘的作用。

花影未见香先至

——蜡梅

被子植物门 Angiospermae	蜡梅科 Calycanthaceae
蜡梅属 Chimonanthus	蜡梅 Chimonanthus praecox

《京口诸山记》中写道"焦山观音阁，蜡梅一株，轻风翩反若传隐士神者。"

小时候老家的街区有一个图书馆，水泥楼，绿化程度不高，但有两块四四方方的大草地，草地中间各自栽种着一棵树，春夏满树绿叶郁郁葱葱，像是一对恋人能互相看见，亦互相疏离。

在一次寒冬中我跑去图书馆看书，远远的在墙外闻到一股香气，顺着香气走到两棵树下，因为个子矮看不见头上有花开了，只在树下面看到很多淡黄色的小花，放在手心里竟然会让手也沾染上香气，就捡了很多放在衣兜里，看书的时候闻着香气，回家的时候闻着香气，心里充满了喜悦。

那是我第一次看到蜡梅花。

直到过了很多年，我对植物产生了浓厚的兴趣，加上学生时期背过一首咏梅的诗，深入了解后，才发现原来此梅非彼梅。

我一度认为，蜡梅就是梅花里面的一个品种，现在想想真是错得离谱。

蜡梅和梅花关系很远，蜡梅是蜡梅科蜡梅属下的植物，而梅花是蔷薇科杏属的植物，在世界范围中蜡梅科仅有4属10种，而蜡梅属和夏蜡梅属都是中国特有的落叶丛生灌木，也是传统名花和特用经济树种。

常见又好认的品种通常有素心蜡梅、狗蝇蜡梅、檀香蜡梅，在论文资料里还能看到上百品种，每个品种的名字也都取得别具一格。

那些蜡梅的品种是随着花瓣形状、花香浓淡、叶子形状、花朵大小等各种因素来决定的，而有时候我们拍的照片很难判断它到底是哪一种，只能统称蜡梅了。

大部分植物是春夏开花，秋冬结果，蜡梅则是反其道而行。

冬天里有蜡梅盛开，是一种沁人心脾的事情，每年的11月至次年3月，她傲雪凌霜不惧严寒，散发着无与伦比的香气，闻多久都不会觉得腻味。它的拉丁名叫Chimonanthus，在希腊语中，cheimon意为"冬天"，anthus则在古希腊语中代表着"开花"。英文名Wintersweet，翻译过来就叫作：冬季的芳香，可以看出来它备受国内外人们的喜爱。

蜡梅花朵的外观呈黄色的碗形，有的像一口钟，花被片呈半透明状蜡质，外花

被片较大呈黄色，内花被片稍小一些，根据品种不同呈现不一样的颜色，中间包裹着黄色花药，花朵喜欢向下低垂。

每年4~11月就是它的结果期，果子很像长在树上的虫瘿，看起来丑丑的，略显狰狞，打开蜡梅果子，就会看到里面的种子，一颗果子里面有4颗左右的小种子，和果子一样没有什么颜值。

古籍中有不少关于蜡梅的记录。在以前，蜡梅还叫作黄梅，根据宋代范成大的《梅谱》中记载：本非梅类，以其与梅同时，而香又相近，色酷似蜜脾，故名蜡梅。

苏轼的《蜡梅一首赠赵景贶》曰：天工点酥作梅花，此有蜡梅禅老家。蜜蜂采花作黄蜡，取蜡为花亦其物。

取其蜡梅之名，是因为花瓣看上去像是蜜蜡做成的，颜色相近，不得不说古人取名也有随意简便之风。

在《植物名实图考》里面描述：蜡梅，俗传浸蜡梅花瓶水，饮之能毒人。其实谓之土巴豆，有大毒。说蜡梅泡水喝了会中毒，而种子又叫作土巴豆，毒性更大，可是在安徽、江西等地，蜡梅水被称为"香风茶"，在苏南民间是治疗感冒咳嗽的有效单方，民间《花疗歌》中曾有蜡梅止咳又化痰的记载，贵阳民间药草称蜡梅花作茶饮治久咳。

这真是矛盾呢！既然会让人中毒，又怎么会成为一种茶为人治病呢？

　　再进一步去了解药理和化学成分研究，发现它的花朵是没有毒性的，但是树干、叶子以及种子都有毒，种子中含有蜡梅碱（calycanthine），又叫土巴豆，误食会导致肚子疼痛和腹泻，所以朋友们，在外面可不要乱吃植物的果实呀！吃坏了倒霉的还是自个儿。

　　蜡梅在我国已经拥有1000多年的种植历史，我们目前看到的都是经过培育出来的品种，但由于森林的缩小和人口活动的扩张，对野生蜡梅种群产生很大的威胁，这种带来芳香又受人喜欢的家伙，不应该只属于我们人类世界，它也应该在大自然中自由生长才对啊，希望我们能保护好自然环境，与之和谐共处。

　　说到孑遗植物，我们能想到的是银杏、苏铁、水杉等这些珍稀保护植物，在我们眼中，蜡梅是个很普通的家伙，如果我说它也是第三纪孑遗植物，到现在为止还有很多原始特征时，是不是会刷新你对蜡梅的印象呢？

　　漫长的时光里，水杉、银杏和蜡梅它们都经历了地球恶劣环境的洗礼，残酷的自然更迭，如今普遍成为园林绿化植物，也是常见的行道树种，波折的过往如今烟消云散，它们对着阳光微笑，并在这片大地上寂静的伫立。

同家弟赋蜡梅诗得四绝句

宋代·陈与义

一花香十里，更值满枝开。

承恩不在貌，谁敢斗香来。

写在最后，冬天里的树

一本书终于写到尾声，一整年，从春天到冬天，也算有始有终。我拍摄了冬天一些树的枝条，零零落落。感悟万物循环，周而复始。

生命的开始或许也是什么都没有的情境，在一次的偶然中发生了变化，经历亿万年的变换更迭才有了如今的精彩。

将光秃秃的树枝比作开始，等到树上慢慢抽新芽、开花、结果，这一循环也是十分有意义的吧！

这是我最喜欢的树。秋天树上挂满累累果实，冬天金黄色落叶掉在树下，很多果实也随着落入尘土。在绿萝植物园里只有两棵，果实在湿润的土上，生成出各种颜色的菌落，有微小的幼虫以菌落为食，虫子会长大，落叶果实为肥料，树根吸收营养继续新的一轮成长。

■ 无患子

被子植物门 Angiospermae

无患子科 Sapindaceae

无患子属 Sapindus

无患子 Sapindus saponaria

公园的其中一个入口处，生长着苍劲粗壮的老树。春天会有满树绿叶，绿叶之间，每一朵都喜欢抱团，聚成一簇紫色花团，花朵喜欢落在地上，金色的果实也喜欢落在地上，然后呢，叶子早已经被遗忘。

■ 楝科

被子植物门 Angiospermae

楝科 Meliaceae

楝属 Melia

楝 Melia azedarach

悬铃木属的七种家伙，辨别起来就像在找七胞胎。在咱们生活中常见的行道树，有一球悬铃木、二球悬铃木、三球悬铃木、法国梧桐、英国梧桐、美国梧桐，别问我这六个词怎么对应，其实我也不知道。复杂的关系，相似的面孔，反正我们只需要记得，在热烈的阳光下，它们的枝繁叶茂是我们的保护伞。

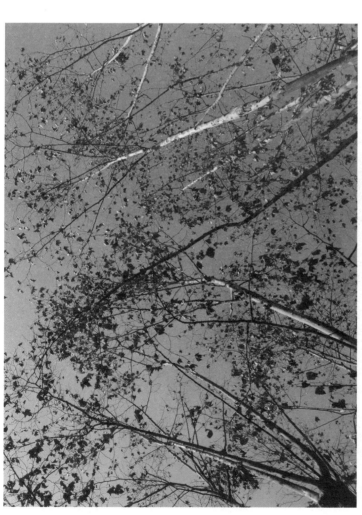

■ 悬铃木

被子植物门 Angiospermae
悬铃木属 Platanus
二球悬铃木 Platanus acerifolia

悬铃木科 Platanaceae
一球悬铃木 Platanus occidentalis
三球悬铃木 Platanus orientalis

我以为紫薇在春夏已经绽放出繁茂的美，没想到在冬天时期，它也会合和果实修饰出别致的美。

■ 紫薇

被子植物门 Angiospermae

紫薇属 Lagerstroemia

千屈菜科 Lythraceae

紫薇 Lagerstroemia indica

鸡爪槭和枫树是亲戚，这个一定要知道，因为它们的叶子是那么相像，它们的果实也都是翅果。至于树形嘛，区别还是很大的，我们可以在其他季节看到鸡爪槭的叶子，像爪子一样裂开，带着独特的掌型美。到了叶子落光，它们的枝条也像爪一样，对上天空，也许它们内心也有只手遮天的梦。

■ 鸡爪槭

被子植物门 Angiospermae

无患子科 Sapindaceae

槭属 Acer

鸡爪槭 Acer palmatum

喜树还是很讨喜的，一来它笔直的让人充满敬意，二来它的名字带着喜意，三来公园中、野外中也会常见。如果植物有魔法，它一定会给人的内心带来欢喜。

■ 喜树

被子植物门 Angiospermae
喜树属 Camptotheca

山茱萸科 Cornaceae
喜树 Camptotheca acuminata

某个公园的一个大门口，看到蓝天中的那一串像果子的东西，跟你们说，到了三四月份，会有漂亮的花从里面钻出来，究竟是紫色还是白色，等一个月再看吧！

■ 泡桐

被子植物门 Angiospermae

泡桐属 Paulownia

毛泡桐 Paulownia tomentosa

泡桐科 Paulowniaceae

白花泡桐 Paulownia fortunei

看到一颗顶端断裂的雪松，

依然常绿的伫立，也许它觉得，

所有的风霜不过是小事，所有的

伤痛都会愈合，能站着笔直就是

胜利。

■ 松科

裸子植物门 Gymnospermae

松科 Pinaceae

雪松属 Cedrus

雪松 Cedrus deodara

樟树

宋代·舒岳祥

樛枝平地虬龙走，
高干半空风雨寒。
春末片片流红叶，
谁与题诗放下滩。

冬天的樟木绿幕遮天，每一
节枝叶如同游龙，土下蜿蜒扎根
深处，天上蜿蜒勤奋向上。

■ 樟科

被子植物门 Angiospermae   樟科 Lauraceae

樟属 Cinnamomum   樟 Cinnamomum camphora

参考文献

[1] 中国科学院中国植物志编辑委员会. 中国植物志[M]. 北京：科学出版社. 2010.

[2] 弗劳恩霍夫协会. 用蒲公英制作橡胶[N]. 科学日报，2013-10-28.

[3] 朱橚. 救荒本草[M]. 文渊阁四库全书，明代.

[4] 刘全儒，于明，周云龙. 北京地区外来入侵植物的初步研究[J]. 北京师范大学学报（自然科学版），2002，38（3）：402.

[5] 李学芳，王丽，张晓南，等. 宝盖草的生药学研究. 云南中医学院学报[J]. 2010，33（2）：8-11，13.

[6] 顾德兴，徐炳声. 宝盖草的繁育系统. 西北植物学报[J]. 1992，12（1）：70-78.

[7] 李忠义，唐红琴，何铁光，等. 绿肥作物紫云英研究进展. 热带农业科学[J]. 2016，36（11）：27-32.

[8] 白雁斌，刘兴荣. 吊兰净化室内甲醛污染的研究. 海峡预防医学杂志[J]. 2003，9（3）：26-27.

[9] 李冰岚，王健生，陈宗良，等. 野老鹳草的生药学研究. 珍国药研究[J]. 1998，9（1）：54-55.

[10] 孙哲、陈彦、刘玮. 紫薇在园林绿化中的应用. 安徽农业科学[J]. 2009，37（1）：101-102，113.

[11] 许桂芳、刘明久、李雨雷. 紫茉莉入侵特性及其入侵风险评估. 西北植物学报[J]. 2008，28（4）：0765-0770.

[12] 任平，阮祥稳，秦涛，等. 石榴资源的开发和利用. 食品研究与开发[J]. 2005，26（3）：118-120.

[13] 李巧玲. 辣椒中有效成分的提取及利用. 山西食品工业[J]. 2003，3（9）：30-32.

[14] 郝玉民，李立祥，易昶寺，等．广玉兰花总黄酮提取及其抗氧化活性研究．安徽农业科学[J]．2014，42（5）：1365–1367，1485.

[15] 田翠英，杨柳青，曹受金．广玉兰在园林景观设计中的应用．安徽农业科学[J]．2006，34（19）：4926–4927.

[16] 邱鹰坤，高玉白，徐碧霞，等．射干的化学成分研究．中国药学杂志[J]．2006，41（15）：1033–1035.

[17] 蔡大成．蓍草神话传说的生态解构．民间文化论坛[J]．2006，6（14）：9–16.

[18] 段北野，陈万里，许立鑫，等．清热解毒药蓍草的开发与利用．长春中医药大学学报[J]．2013，29（1）：173–174.

[19] 季宇彬，辛国松，曲中原，等．石蒜属植物生物碱类化学成分和药理作用研究进展．中草药[J]．2016，47（1）：157–164.

[20] 刘世珍．中华猕猴桃的营养价值．营养保健[J]．2003，5.

[21] 霍尚一．猕猴桃产业发展的奇迹——新西兰猕猴桃的案例启示．生态经济[J]．2011，5（238）：131–135.

[22] 黄宏文，龚俊杰，王圣梅，等．猕猴桃属Actinidia植物的遗传多样性．生物多样性[J]．2000，8（1）：1–12.

[23] 李秀芬，朱建军，张德顺．木槿属树种应用与研究现状分析．上海农业学报[J]．2006，22（2）：108–110.

[24] 景立新，郑丛龙，林柏全，等．木槿花中营养成分研究．食品研究与开发[J]．2009，30（6）：146–148.

[25] 刘国瑞，吴军，杨美华，等．药用植物爵床的研究进展．西北药学[J]．2008，23（1）：55–56.

[26] 陈芳，汪毅．苗药头花蓼研究及开发概况．第六次临床中药学学术年会暨临床中药学学科建设经验交流会论文集[J]．2013：551–553.

[27] 钟军弟，周宏彬，刘锴栋，等．3种菊科入侵植物白花鬼针草、胜红蓟和假臭草的种子生物学特性比较研究．杂草学报[J]．2016，34(2):7–11.

[28] 李莹，肖小军，柴文戍，等．白花鬼针草花粉过敏原的分离鉴定与纯化．南昌大学学报（医学版）[J]．2014，54(6):1–4.

[29] 贾书果，沈永宝. 秤锤树的研究进展. 江苏林业科技[J]. 2007，34（6）：41-45.

[30] 黄致远，宗世贤，朱小毅. 秤锤树生态地理分布、生物学特性与繁殖的初步研究：江苏林业科技[J]. 1998，25（2）：15-18.

[31] 李加兴，黄寿恩，梁先长. 火棘研究开发进展. 食品与机械[J]. 2012，28（6）：260-263.

[32] 蒋利华，熊远福，李霞，等. 野生火棘果有效成分研究进展. 中国野生植物资源[J]. 2007，26（2）：8-10.

[33] 孙晓丹，李海梅，孙丽，等. 8种灌木滞尘能力及叶表面结构研究. 环境化学[J]. 2016，33（9）：1815-1822.

[34] 肖炳坤，刘耀明. 蜡梅属植物分类、化学成分和药理作用研究进展. 现代中药研究与实践[J]. 2003，17（2）：59-61.

[35] 赵冰，雒新艳，张启翔. 蜡梅品种的数量分类研究. 园艺学报[J]. 2007，34（4）：947-954.

[36] 李烨，李秉滔. 蜡梅科植物的起源演化及其分布. 广西植物[J]. 2000，20（4）：295-300.